高职高专计算机类专业教材·软件开发系列

软件工程与项目化分析设计教程（第2版）

张洪明　亓胜田　李明仑　主　编

曹　森　张义明　甄小虎　崔　萃　王娜娜　副主编

许万润　姚培荣　胡明丽　刘俊宁　参　编

电子工业出版社

Publishing House of Electronics Industry

北京·BEIJING

内 容 简 介

本书从实用、够用的角度出发，以图书馆管理系统为主线，采用项目导向、任务驱动案例的教学方式，详细讲述了软件工程的基本原理、概念、技术和方法。本书分为基础理论篇、分析与设计篇、实现与测试篇、维护与管理篇，共 4 篇、10 个项目。

基础理论篇讲述了软件工程概念和统一建模语言（UML），具体包括软件的定义、软件危机、软件生命周期、开发模型及 UML 的概念模型、UML 的静态及动态建模机制。分析与设计篇讲述了项目市场调研、软件项目需求分析、软件项目总体设计、软件项目详细设计。以图书馆管理系统为例，以面向对象设计方法为重点，运用 UML 建模语言，详细地描述了市场调研、需求分析、总体设计及详细设计的建模过程。实现与测试篇讲述了软件项目实现及软件测试的相关知识。维护与管理篇讲述了软件维护及软件项目管理的相关知识。同时，本书在拓展训练中介绍了常见建模工具 Rational Rose 及 Microsoft Office Visio 的使用方法。

本书语言简练，通俗易懂，注重培养学生动手能力，并且每个项目后都附有项目小结、拓展训练和知识点考核与理解，供学生及时消化对应任务内容。本书可作为高职高专院校、成人教育学院软件工程的教材，也可作为软件开发设计人员的参考材料。

未经许可，不得以任何方式复制或抄袭本书之部分或全部内容。

版权所有，侵权必究。

图书在版编目（CIP）数据

软件工程与项目化分析设计教程 / 张洪明，亓胜田，李明仓主编. —2 版. —北京：电子工业出版社，2019.5（2023.1重印）

ISBN 978-7-121-35040-5

Ⅰ. ①软…　Ⅱ. ①张…　②亓…　③李…　Ⅲ. ①软件工程－项目管理－高等学校－教材　Ⅳ. ①TP311.5

中国版本图书馆 CIP 数据核字（2018）第 212568 号

责任编辑：左　雅　　特约编辑：朱英兰

印　　刷：三河市龙林印务有限公司

装　　订：三河市龙林印务有限公司

出版发行：电子工业出版社

　　　　　北京市海淀区万寿路 173 信箱　邮编　100036

开　　本：787×1 092　1/16　印张：13.5　字数：372 千字

版　　次：2018 年 3 月第 1 版

　　　　　2019 年 5 月第 2 版

印　　次：2023 年 1 月第 6 次印刷

定　　价：39.80 元

凡所购买电子工业出版社图书有缺损问题，请向购买书店调换。若书店售缺，请与本社发行部联系，联系及邮购电话：（010）88254888，88258888。

质量投诉请发邮件至 zlts@phei.com.cn，盗版侵权举报请发邮件至 dbqq@phei.com.cn。

本书咨询联系方式：（010）88254580，zuoya@phei.com.cn。

前　言

　　本书的编写以任务驱动案例教学为核心，以项目开发为主线。本书研究分析了国内外先进职业教育的培训模式、教学方法和教材特色，消化吸收了优秀的经验和成果，以培养计算机应用技术人才为目标，以企业对人才的需要为依据，把软件工程与项目管理的思想完全融入教材中，将基本技能培养和主流技术相结合，内容设置重点突出、主辅分明，结构合理、衔接紧凑。本书侧重培养学生的实战操作能力，将学、思、练相结合，旨在通过项目案例实践，增强学生的职业能力，使知识从书本中释放出来并转化为专业技能。

　　本书特点

　　本书以"图书馆管理系统"项目为主线，将"图书馆管理系统"项目分成不同的任务。每个任务既相对完整独立又有一定连续性，教学活动的过程是完成每个任务的过程。完成了"图书馆管理系统"的项目调研、需求分析、项目设计的过程，也就完成了本课程的学习过程。选择"图书馆管理系统"项目，是因为该项目涉及的业务领域和工作任务是学生熟悉的、感兴趣的，很容易激发学习热情，同时很快就能上手。"图书馆管理系统"项目所分解的子任务几乎涉及本课程所有知识点，随着项目逐步展开，学生将以子任务为动力，积极参与项目调研、需求分析、项目设计等过程。经过前后几次迭代，完成"图书馆管理系统"项目，学生也就完成了对本课程从知识的学习到应用的全过程。

　　本书的编写侧重面向对象的分析与设计，对面向过程的分析与设计只做少量描述。这是与已经出版的同类书籍（两者并重）的区别，这样很适宜学生学习与掌握本课程内容，且在山东经贸职业学院及同类院校近几年使用过程中取得了较好的效果。

　　本书与国内外同类教材相比有以下优点。

　　（1）以项目调研、需求分析、项目设计、项目开发为主线，抛弃传统教材按章节来编排的模式。

　　（2）以任务驱动案例教学为核心，抛弃先讲理论后讲实例的传统模式。

　　（3）先有任务及知识点讲解，后有拓展训练和知识点考核与理解，达到跟我学、学中做的效果。

　　（4）本书以一个完整项目（图书馆管理系统）为主线，采用软件工程的思想进行分析、设计，完成项目（图书馆管理系统）的过程，也就完成了对本课程从知识学习到应用的过程。

　　读者对象

　　本书由多家院校的教师联合编写，编者们拥有丰富的教学和软件开发经验。全书共 4篇、10 个项目，需要约 64 课时。为了给教师授课提供方便，本书提供了完整的 PPT 课件和知识点考核与理解的参考答案，供教师授课使用。

　　本书内容翔实，适用对象广且实用性强，既可作为高职高专院校、成人教育学院软件工程专业的教材，也可以作为参加自学考试人员、软件开发设计人员、工程技术人员及其他相关人员的参考材料或培训教材。

　　本书由张洪明、亓胜田、李明仑担任主编，曹森、张义明、甄小虎、崔萃、王娜娜担任副主编，许万润、姚培荣、胡明丽、刘俊宁参与本书的部分编写工作。具体分工如下：项目

1～6 主要由张洪明负责编写，项目 7～9 主要由亓胜田负责编写，项目 10 主要由李明仑老师负责编写，其他老师分别参与了部分项目的编写工作。全书由张洪明负责统稿。

　　本书在编写过程中难免会有错误，对于教材的任何问题请发送 E-mail 到编者邮箱：mdzx7@sina.com，欢迎读者与我们联系，帮助我们改正提高。

编　者

目　录

第一篇　基础理论篇

项目 1　软件工程概述

计算机系统的发展与微电子的进步息息相关。自 1946 年计算机诞生以来，计算系统已经历了电子管、晶体管、集成电路、大规模集成电路、超大规模集成电路等不同的发展时期。由于微电子技术的进步，计算机硬件性能/价格比平均每 10 年提高两个数量级，而且质量稳步提高。与此同时，正在使用的计算机软件的数量以惊人的速度急剧上升，计算机软件成本在逐年上升，但质量却没有可靠的保证，软件开发的生产率也远远跟不上计算机应用的要求，软件开发瓶颈已经成为限制计算机系统发展的关键因素。

在计算机系统发展的过程中，早期所形成的一些错误概念和做法曾严重地阻碍了计算机软件开发。用错误方法开发出来的许多大型软件由于无法维护只好提前报废，造成大量人力、物力的浪费。西方计算机科学家把在软件开发和维护中遇到的一系列严重问题统称为"软件危机"。在 20 世纪 60 年代后期，人们开始认真研究解决软件危机的方法，从而形成了计算机科学技术领域中的一门新兴的学科——计算机软件工程学，通常称为软件工程。在以计算机为核心的信息化社会中，信息的获取、处理、交流和决策都需要大量高质量的软件，因此软件工程一直是人们研究的焦点。

项目要点：

- 了解软件的定义及其特点；
- 了解软件危机产生的原因及解决方法；
- 了解常见的几类软件开发模型；
- 掌握软件工程概念和原则；
- 掌握软件生命周期各阶段应解决的问题。

任务 1.1　软 件 工 程

1.1.1　软件的定义及其特点

1．软件的定义

软件是与计算机系统中硬件相互依存的部分，它是包括程序、数据及相关文档的完整集合。其中，程序是按事先设计好的功能和性能要求执行的指令序列；数据是程序所处理信息的数据结构；文档是与程序开发、维护和使用有关的各种图文资料。

2．软件的特点

为了全面、正确地理解计算机系统及软件，必须了解软件的以下特点。

1）抽象性

软件是一种逻辑实体，而不是具体的物理实体。这种抽象性是软件与硬件的根本区别。软件一般寄生在纸、内存储器、磁带、磁盘或光盘等载体上，我们无法观察到它的具体形态，而必须通过对它的分析来了解它的功能和特征。

2）无明显的制造过程

软件的生产与硬件的生产不同，它无明显的制造过程。在硬件的制造过程中，必须对第一个制造环节进行质量控制，以保证整个硬件的质量，并且每一个硬件都几乎付出与样品同样的生产资料成本。软件是将人类的知识和技术转化成产品，软件产品的开发成本几乎全部用在样品的开发设计上，其制造过程则非常简单，人们可以用很低的成本进行软件产品的复制，因此也产生了软件产品的保护问题。软件产品保护这个问题已引起国际上的普遍重视，为保护软件开发者的根本利益，除国家在法律上采取有力的措施之外，开发者在技术上也采取了各种措施，防止其他人对软件产品的随意复制。

3）无磨损、老化的问题

在软件的运行和使用期间，没有像硬件那样的磨损、老化问题。任何机械、电子设备在运行和使用过程中，其失效率大致遵循 U 形曲线，如图 1-1 所示。软件的情况则与此不同，它不存在磨损和老化问题，然而它存在退化的问题，设计人员必须不断地修改软件。软件失效率曲线如图 1-2 所示。

图 1-1　硬件失效率曲线

图 1-2　软件失效率曲线

4）对硬件系统的依赖性

软件的开发和运行往往受到计算机系统的限制，对计算机有着不同程度的依赖性，为了减少这种依赖性，在软件开发中提出了软件的可移植问题。

5）复杂性

软件本身是复杂的。软件的复杂性可能来自它所反映的实际问题的复杂性，也可能来自程序逻辑结构的复杂性。

6）成本昂贵

软件的研制工作需要投入大量的、复杂的、高强度的脑力劳动，它投入的成本是较高的。

7）社会性

相当多的软件工作涉及各种社会因素，许多软件的开发和运行涉及机构设置、体制运作及管理方式等问题，甚至涉及人们的观念和心理，这些因素直接影响到软件项目的成败。

1.1.2 软件危机

1．软件危机的起源

20 世纪 60 年代中期至 20 世纪 70 年代中期，"软件危机"一词在计算机界广为流传。这个时期的一个重要特征是出现了"软件作坊"，广泛使用产品软件。"软件作坊"基本上仍然沿用了早期形成的个体化软件开发方法。同时，随着计算机应用的日益普及，软件数量急剧膨胀，在程序运行时发现的错误必须及时地改正；用户有了新的需求时必须相应地修改程序；硬件或操作系统更新时需要修改程序以适应新的环境。上述的种种维护工作，以令人吃惊的比例耗费着资源。更严重的是，许多程序的个体化特性使得它们最终成为不可维护的系统，于是"软件危机"开始出现了。1968 年，在前联邦德国召开北大西洋公约组织的国际会议上，计算机科学家们讨论了软件危机的问题。在这次会议上，正式提出并使用了"软件工程"这个名词，一门新兴的学科就此诞生了。

2．软件危机的原因及解决方法

软件危机是指在计算机软件开发和维护过程中所遇到的一系列严重问题。产生软件危机的主要原因如下。

（1）由于缺乏软件开发经验和有关软件开发数据的积累，使得开发工作的计划很难制订，以致经常出现超出经费预算、无法遵循进度计划、完成开发的期限一再拖延等情况。

（2）软件需求在开发的初级阶段不够明确，或未能得到确切的表达。开发工作开始后，软件人员和用户又未能及时交换意见，造成的矛盾在开发后期集中暴露。

（3）对开发过程没有统一、公认的方法论和规范进行指导，参加开发的人员各行其是。另外，设计和实现过程的资料很难维护。

（4）未能在测试阶段做好充分的检测工作，提交给用户的软件质量差，在运行过程中暴露大量的问题。

如果不能有效地排除这些障碍，软件的发展是没有出路的。因此，许多计算机软件专家尝试把其他工作领域中行之有效的工程学知识运用到软件开发工作中。经过不断的实践总结，最后得出结论：按工程化的原则和方法组织软件的开发工作是有效的，是解决软件危机的一个重要方法。由此，软件工程成为计算机科学技术中的一个新领域，它从管理和技术两方面研究如何更好地开发和维护计算机软件，有效地缓解了软件危机所引发的问题。

1.1.3 软件工程的概念和原则

1．软件工程的概念

软件工程是指应用计算机科学、数学及管理科学等原理，以工程化的原则和方法来解决软件问题，指导计算机软件开发和维护的一门工程学科。

软件工程过程是为了获得好的软件产品，在软件开发工具的支持下，由软件开发者即软件工程师完成的一系列软件工程活动。软件工程过程通常包含以下 4 种基本活动。

（1）软件需求规格说明。确定被开发软件的功能及性能指标，给出软件运行的约束。

（2）软件开发。开发出满足软件需求规格说明的软件。

（3）软件确认。确认软件能够满足客户提出的需求。

（4）软件维护。为满足用户对软件提出的新需求，必须在使用软件的过程中不断维护。

事实上，软件工程过程是一个软件开发机构针对某类软件产品为自己规定的工作步骤，它应当是科学的、合理的，否则必将影响产品的质量。

2．软件工程的原则

软件工程的目的是提高软件生产率，提高软件质量，降低软件成本。为了达到这个目的，在软件的开发过程中必须遵循以下软件工程原则。

1）抽象

抽取事物最基本的特性和行为，忽略非基本的细节，采用分层次抽象、自顶向下、逐层细化的办法控制软件开发过程的复杂性。

2）信息隐藏

将模块设计成"黑箱"，实现细节隐藏在模块内部，不让模块的使用者直接访问，这就是所谓信息封装（使用和实现分离）的原则。使用者只能通过模块接口访问模块中封装的数据。

3）模块化

模块是程序中在逻辑上相对自主的成分，是独立的编程单位，应有良好的接口定义，如 C++ 语言程序中的类、C 语言程序中的函数过程。模块化有助于信息的隐藏和抽象，有助于表达复杂的系统。

4）局部化

在一个物理模块内集中逻辑上相互关联的计算机资源，保证模块之间有松散的耦合，模块内部有较强的内聚，这有助于控制软件的复杂性。

5）确定性

软件开发过程中所有概念的表达是确定的、无歧义的、规范的。这样有助于人们在交流时不会产生误解、遗漏，保证整个开发工作的协调一致。

6）一致性

整个软件系统（包括程序、文档和数据）的各个模块应使用一致的概念、符号和术语；程序内、外部接口应保持一致；软件同硬件、操作系统的接口应保持一致；用于形式化规格说明的公理系统应保持一致。

7）完备性

软件系统不丢失任何重要的成分，可以完全实现系统所要求的功能。为了保证系统的完备性，在软件开发和运行中需要严格的技术评审。

8）可验证性

开发大型软件时需要对系统自顶向下、逐层分解。系统分解应遵循使系统易于检查、测试、评审的原则，以确保系统的正确性。

使用一致性、完备性和可验证性可帮助开发者设计一个正确的系统。

任务 1.2　软件生命周期与软件开发模型

1.2.1　软件生命周期

任何一个软件或软件系统都要经历软件定义、软件开发、软件的使用和维护、退役这 4 个阶段，我们把软件的这 4 个阶段称为软件生命周期。目前，对软件生命周期各阶段的划分尚不统一，有的分得粗些，有的分得细些，但无论是哪一种划分方式，都应包括软件定义、软件开发、软件的使用和维护、退役这 4 个阶段。本书将软件生命周期的这 4 个阶段细分为软件定义阶段（由问题定义子阶段、可行性研究子阶段、需求分析子阶段组成）、软件开发阶段（由概要设计子阶段、详细设计子阶段、编码子阶段、测试子阶段组成）、软件的使用和维护阶段（由运行子阶段、维护子阶段组成）和退役阶段。每个阶段既相互独立又彼此有联系，上一阶段的工作结果是下一阶段的工作依据，下一阶段是上一阶段的进化。下面简要介绍各阶段的主要任务和结束标志。

1．软件定义阶段

软件定义阶段的任务是确定软件系统必须完成的总目标；确定工程的可行性，分析实现工程目标应采取的技术和软件系统必须完成的功能和性能；估计完成该项目所需资源和成本，给出开发工程的进度表。软件定义又称为系统分析，由系统分析员完成。软件定义阶段通常可细分为 3 个子阶段：问题定义子阶段、可行性研究子阶段、需求分析子阶段。通常，将问题定义和可行性研究两个子阶段合称为软件项目计划。

1）问题定义子阶段

问题定义子阶段要回答的关键问题是："要解决的问题是什么？"通过问题定义子阶段的工作，系统分析员应提出关于问题的性质、软件系统的目标和规模的书面报告。通过对系统的实际用户和使用部门负责人的询问调查，分析员要扼要地写出他对问题的理解，并在用户和使用部门负责人的会议上认真讨论这份书面报告，澄清含糊不清的地方，改正理解不正确的地方，最后得出一份双方都满意的文档。

2）可行性研究子阶段

这个子阶段要回答的问题是："对于上个阶段所确定的问题有行得通的解决办法吗？"任务阶段的任务不是具体解决问题，而是研究问题的范围，探索这个问题是否值得去解决，是否有可行的解决办法。在该子阶段，系统分析员需在较短的时间内模拟进行系统分析和设计过程，即在较抽象的层次下进行分析和设计。系统分析员要对用户的需求和环境进行深入细致的调查，在此基础之上进行技术上、经济上、法律上等多方面的可行性论证。

可行性研究的结果是使部门负责人做出是否继续进行这项工程的重要依据，一般来说，只有投资可能取得较大效益的那些工程项目才值得继续进行下去。不值得投资的工程项目要及时中止，以避免更大的浪费。

3）需求分析子阶段

这个子阶段的任务仍然不是具体地解决问题，而是准确地确定"为了解决这个问题，目标系统必须做些什么？"也就是深入地描述软件的功能和性能，确定软件设计的限制和软件与其他系统元素的接口，定义软件的其他有效性需求。

系统分析员在需求分析子阶段必须和用户密切配合，充分交流信息，以得出经过用户确认的系统逻辑模型。通常，用数据图、数据字典和简要的算法描述表示系统的逻辑模型。该模型必须准确全面地体现用户的需求，是以后设计系统的基础。该子阶段产生的文档为需求规格说明书。

2．软件开发阶段

软件开发阶段由概要设计、详细设计、编码和测试 4 个子阶段组成。其中，概要设计和详细设计统称为软件设计。软件开发是按照需求分析子阶段得到的准确、完整的系统逻辑模型（也称软件需求规格说明书）的要求，从抽象到具体、逐步开发软件的过程。

1）概要设计子阶段

这个子阶段必须回答的关键问题是："应该如何宏观地解决这个问题？"以比较抽象概括的方式提出了解决问题的方法。概要设计的主要任务是选择合适的设计方案，确定软件的结构、模块的功能和模块之间的接口，以及全局数据结构的设计。

2）详细设计子阶段

这个子阶段必须回答的问题是："应该如何具体地实现这个系统？"使解决方法具体化。

详细设计任务是设计每个模块的实现细节和局部数据结构。这个子阶段的任务还不是编写程序，而是设计出程序的详细规格说明。这种规格说明的作用很类似于其他工程领域中工程师经常使用的工程蓝图，它们应该包含必要的细节，程序员可以根据它们写出实际的程序代码。

3）编码子阶段

这个子阶段的任务是写出正确、容易理解、容易维护的程序模块。程序员应该根据目标系统的性质和实际环境，选取一种适当的高级程序设计语言（必要时采用汇编语言）把详细设计的结果翻译成用选定的语言写的程序。

4）测试子阶段

这个子阶段的关键任务是通过测试及相应的调试，使软件达到预定的要求。测试可分为模块测试、集成测试和验收测试。通过对测试结果的分析可以对软件的可靠性进行预测，根据预测可以决定测试阶段何时结束。测试员应将测试计划、测试方案和实测结果用正式文档形式保存下来，作为软件配置的一个部分。

3．软件的使用和维护阶段

在软件开发阶段结束后，软件即可交付使用。软件包的使用通常要持续几年甚至几十年，在整个使用期间内，都有可能因为某些原因而修改软件，这便是软件维护。因此，该阶段可细分为两个子阶段，即运行和维护子阶段。

1）运行子阶段

软件工程师将所开发的软件安装在用户需要的运行环境中，移交给用户使用，这个子阶段称为运行子阶段。这个子阶段的问题是"软件能否顺利地为用户进行服务？"由于软件是逻辑产品，复制几乎不需要成本，所以软件产品发行的数量越多，软件开发者的经济效益和社会效益就越明显。软件的运行是软件产品发挥社会和经济效益的重要时期。由于目前的测试技术不可能将软件中存在的问题都检查出来，所以在使用软件过程中用户或软件工程师必须仔细收集已发现的软件运行中的问题，定期或不定期地写出"软件问题报告"。

2）维护子阶段

维护子阶段的关键任务是，通过各种必要的维护活动使系统持久地满足用户的需求，通常有以下4类维护活动。

（1）改正性维护，即诊断和改正使用过程中发现的软件错误。

（2）适应性维护，即修改软件以适应环境的变化。

（3）完善性维护，即根据用户的需求改进或扩充软件使它更完善。

（4）预防性维护，即修改软件为将来维护活动预先做好准备。

4．退役阶段

退役是软件生命周期的结束，即停止使用。

1.2.2　软件开发模型

为了指导软件的开发，工程师们用不同的方式将软件生命周期中的所有开发活动组织起来，形成不同的软件开发模型。常见的软件开发模型有瀑布模型、演化模型、螺旋模型、喷泉模型等。

1．瀑布模型

瀑布模型（Waterfall Model）是1970年由W．Royce提出的。该模型给出了软件生命周期各阶段的固定顺序，上一阶段完成之后才能进入下一阶段，如同瀑布流水，逐级下落，故称为瀑布模型，如图1-3所示。图中的虚线表示在某一阶段发现错误时，其错误可能是由上一阶段造成的，因此开发过程可能要退回到上一阶段。在瀑布模型中，各阶段结束后，都要进行严格的评审。

图 1-3 瀑布模型

瀑布模型为软件的开发和维护提供了一种有效的管理模式，对消除非结构化软件、降低软件的复杂度、保证软件产品的质量有重要作用。虽然瀑布模型被广泛使用，但在大量的软件开发实践中也逐渐暴露出它的缺点。瀑布模型缺乏灵活性，无法通过开发活动来澄清本来不够确切的软件需求，这将导致直到软件开发完成时才发现所开发的软件并非是用户所需要的，而此时必须付出高额的代价才能纠正发现的错误。

2. 演化模型

大量的软件开发实践表明，许多开发项目在开始时对软件需求的认识是模糊的，因此，很难一次开发成功。为了减少因对软件需求的了解不够确切而给开发工作带来的风险，我们可以在获取了一组基本的需求后，通过快速分析构造出软件的一个初始可运行版本，这个初始的软件称为原型，然后根据用户在试用原型的过程中提出的意见和建议对原型进行改进，获得原型的新版本。重复这一过程，最终可得到令用户满意的软件产品。采用演化模型（Evolutionary Model）的过程，实际上就是从初始的原型逐步演化成最终软件产品的过程。演化模型特别适用于对软件需求缺乏准确认识的情况。

3. 螺旋模型

1988 年，B.W.Boehm 将瀑布模型和演化模型相结合，提出了螺旋模型（Spiral Model），这种模型综合了瀑布模型和演化模型的优点，并增加了风险分析。

螺旋模型包含如下 4 个方面的活动。

（1）制订计划：确定软件的目标，选定实施方案，弄清项目开发的限制条件。

（2）风险分析：分析所选的方案，识别风险，消除风险。

（3）实施工程：实施软件开发，验证阶段产品。

（4）客户评估：评估开发工作，提出修改建议。

采用螺旋模型时，软件开发沿着螺旋自内向外地旋转，每旋转一圈都要对风险进行识别、分析，采取对策以消除或减少风险，进而开发一个更加完美的新软件版本。在旋转的过程中，如发现风险太大，以至于开发者和客户无法承受，那么项目就可能因此而终止。通常，大多数软件都能沿着螺旋自内向外地逐步延伸，最终得到所期望的系统。

4．喷泉模型

喷泉模型（Water Fountain Model）主要用于描述面向对象的开发过程。喷泉一词体现了面向对象的迭代和无间隙特征。迭代意味着模型中的开发活动常常需要多次重复，在迭代过程中，不断地完善软件系统。无间隙是指在开发活动（如分析、设计、编码）之间不存在明显的边界，它不像瀑布模型那样，需求分析活动结束之后才开始设计活动，设计活动结束后才开始编码，而是允许各开发活动交叉、迭代地进行。

任务 1.3　建 模 工 具

面向对象方法的推广使用是建模工具发展的一个主要推动力量。面向对象方法在 20 世纪 80 年代末期至 20 世纪 90 年代中期发展到一个高潮，但由于诸多流派在思想上和术语上有很多不同的提法，概念和术语的运用也各不相同，迫切需要一个统一的标准。正是在这样一种大背景下，人们发明了统一建模语言（UML）。UML 是一种定义良好、易于表达、功能强大且普遍适用的建模语言，它融入了软件工程领域的新技术，不仅支持面向对象的分析和设计，还支持从需求分析开始的系统开发的全过程。

UML 是面向对象技术发展的重要成果，获得科技界、工业界和应用界的广泛支持，已成为可视化建模语言事实上的工业标准。这里所介绍的"建模工具"仅包括以 UML 为建模语言的分析设计建模的生成工具。

下面介绍两种典型的建模工具。

1．Rational Rose

Rational Rose for UNIX/Linux 和 Rational Rose Enterprise for Windows 在软件工程领域被公认为 UML 建模工具的执牛耳者。Rational Rose 为大型软件工程提供了可塑性和柔韧性极强的解决方案，包括：

（1）强有力的浏览器，用于查看模型和查找可重用的组件；

（2）可定制的目标库或编码指南的代码生成机制；

（3）既支持目标语言中的标准类型，又支持用户自定义的数据类型；

（4）保证模型与代码之间转换的一致性；

（5）通过 OLE 连接，Rational Rose 图表可动态连接到 Microsoft Word 中；

（6）能够与 Rational Visual、Test、SQA Suite 和 SoDA 文档工具无缝集成，完成软件生命周期的全部辅助软件工程工作；

（7）强有力的正/反向建模工作；

（8）缩短开发周期；

（9）降低维护成本；

（10）Rational Rose 通常与 Rational 产品家族的其他软件配合使用。

Rational Rose Enterprise Edition 工作界面如图 1-4 所示。

2．Microsoft Office Visio

Microsoft Office Visio 是一个图表绘制程序，可以帮助用户描述复杂设想及系统的业务和技术图表。使用 Visio 创建图表可以使信息形象化，能够以更为直观有效的方式进行信息交流，这是单纯的文字和数字无法比拟的。

图 1-4 Rational Rose Enterprise Edition 工作界面

Visio 具有以下特点:

（1）使用 Visio 可以轻松创建业务和技术图表，以便仔细研究、组织和更好地理解复杂的设想、过程和系统。

（2）通过拖曳预定义的图元符号可以轻松绘制组合图表。

（3）用户可自定义图元以满足个性化的绘图需求。

（4）使用为特定专门学科而设计的工具，以满足贯穿整个组织对业务和技术图表绘制的需求。

（5）可以从 Web 访问不断更新的帮助系统和模板。

（6）与 Microsoft Excel、Microsoft Word、Microsoft Access 和 Microsoft SQL Server 良好的集成，可以把业务过程和系统集成在一起。

（7）可以把 Visio 合并到功能强大的 Microsoft.NET 软件中，以满足特定的业务需求。

项 目 小 结

软件是计算机程序及其相关数据和文档。软件危机是指在计算机软件开发和维护时所遇到的一系列问题。软件危机主要包含两个方面的问题：一是如何开发软件以满足对软件日益增长的需求；二是如何维护数量不断增长的已有软件。

软件工程是软件开发、运行、维护和退役的系统方法。软件工程是指导计算机软件开发和维护的学科。软件工程采用工程的概念、原理、技术和方法来开发和维护软件。软件工程的目标是实现软件的优质高产。

软件工程过程是为了获得高质量软件所需要完成的一系列任务的框架，规定了完成各项任务的工作步骤。软件过程定义了运用方法的顺序、应该交付的文档、开发软件的管理措施、各阶段任务完成的标志。软件过程必须科学、合理，才能获得高质量的软件产品。

软件产品从问题定义开始，经过开发、使用和维护，直到最后被淘汰的整个过程称为软件生命周期。根据软件生产工程化的需要，其生命周期的划分有所不同，从而形成了不同的软件生命周期模型，或称软件开发模型。本项目介绍了 4 种软件开发模型以及常用的建模工具。

拓 展 训 练

1．训练目的

（1）初步了解 Rational Rose、Microsoft Office Visio 两种软件的安装环境要求。

（2）掌握 Rational Rose 的安装方法。

（3）掌握 Microsoft Office Visio 的安装方法。

2．训练要求

（1）获取并安装 Rational Rose 实验软件。

（2）获取并安装 Microsoft Office Visio 实验软件。

3．训练内容

（1）安装 Rational Rose。双击 Rational Rose 的安装程序，进入安装向导界面，按向导提示操作即可。在自定义安装过程中尽可能多地了解相关组件。

（2）安装 Microsoft Office Visio。运行 Microsoft Office Visio 的 SETUP.EXE 文件，进入安装向导界面，按提示操作即可。安装类型选择"自定义安装"，在组件选择界面中尽可能多地了解相关组件。

知识点考核与理解

1．选择题

（1）快速原型方法是用户和设计者之产的一种交互过程，适用于（   ）系统。

A．需求不确定性较高的　　　　　　　B．需求确定的

C．管理信息　　　　　　　　　　　　D．决策支持

（2）从设计用户界面开始，首先形成（①），然后用户（②），就（③）提出意见。它是一种（④）型的设计过程。

① A．用户使用手册　B．系统界面原型　C．界面需求分析说明书　D．完善用户界面

② A．阅读文档资料　B．改进界面的设计　C．模拟界面的运行　D．运行界面的原型

③ A．使用哪种编程语言　B．程序的结构成　C．同意什么和不同意什么　D．执行速度是否满足要求

④ A．自外向内　　　B．自底向上　　　C．自顶向下　　　　D．自内向外

2．填空题

（1）软件是与计算机中硬件相互依存的部分，它是包括_____、_____及_____的完整集合。

（2）软件工程的目的是_____、_____和_____。

（3）软件工程过程通常包含4种基本的活动，分别是_____、_____、_____和_____。

（4）无论是哪一种软件生命周期的划分方式，都应包括_____、_____、_____这3个阶段。

（5）软件定义阶段通常可细分为3个子阶段：_____、_____、_____子阶段。

（6）软件开发阶段由_____、_____、_____和_____4个子阶段组成。其中，_____和_____可统称为软件设计。

（7）螺旋模型包含如下 4 个方面的活动，分别为_____、_____、_____和_____。

3．思考题

（1）试举例说明软件产品与硬件产品的不同特点。

（2）什么是软件危机？产生危机的原因是什么？怎样才可能消除软件危机？

（3）编写程序与软件开发有什么根本差别？为什么？

（4）软件工程的原则有哪些？请试加以说明。

（5）软件生命周期应划分为哪些阶段？每个阶段应解决什么问题？产生什么结果？

（6）试比较几类不同的软件开发模型的优、缺点。

项目 2 统一建模语言（UML）

软件工程领域在 1995～1997 年取得的最重要成果之一是统一建模语言（Unified Modeling Language，UML）。在进行面向对象的分析和设计时，UML 是一种直观的、通用的可视化建模语言。本书采用 UML 中规定的图形符号来描述软件系统。

项目要点：

● 了解 UML 的概念、发展；
● 了解 UML 的应用领域；
● 掌握 UML 的主要内容；
● 掌握 UML 的构造块、规则和公共机制；
● 掌握 UML 的建模机制。

任务 2.1 UML 概述

面向对象的分析与设计（OOA & D）方法的发展在 20 世纪 80 年代末至 20 世纪 90 年代中出现了一个高潮，UML 就是这个阶段的产物。它不仅统一了 Booch、Rumbaugh 和 Jacobson 的表示方法，而且对其做了进一步的发展，并最终统一为大众所接受的标准建模语言。

2.1.1 UML 的概念

UML 为英文词组"Unified Modeling Language"的缩写词，一般译为"统一建模语言"。统一建模语言是一种通用的可视化建模语言，用于对软件系统的制品进行规范化、可视化处理，然后构造它们并建立它们的文档。从企业信息系统到基于 Web 的分布式应用，甚至严格的实时嵌入式系统都适合于用 UML 进行建模。

UML 仅是一种语言，不是过程，也不是方法，但允许任何一种过程和方法使用它，而且最好将它用于用例驱动的、以体系结构为中心的增量式迭代开发过程中。

2.1.2 UML 的发展过程

面向对象建模语言出现于 20 世纪 70 年代中期。从 1989 年到 1994 年，其数量从不到 10 种增加到 50 多种。语言的创造者努力发展自己的产品，并在实践中不断地完善。在 20 世纪 90 年代，一批新方法出现了，其中最引人注目的是 Booch93、OOSE 和 OMT-2 等。

Booch 是面向对象方法最早的倡导者之一，他提出了面向对象软件工程的概念。

1991 年，他将过去面向 Ada 的工作扩展到整个面向对象设计领域。

Rumbaugh 等人提出了面向对象的建模技术方法，采用了面向对象的概念，并引入各种独立于语言的表示符。

Jacobson 于 1994 年提出：OOSE 方法的最大特点是面向用例，并在用例的描述中引入了外部角色的概念。用例是精确描述需求的重要概念，它贯穿于整个开发过程，包括对系统的测试和验证。OOSE 比较适合支持商业工程的需求分析。

1994 年 10 月，Booch 和 Rumbaugh 首先将 Booch93 和 OMT-2 统一起来，并于 1995 年 10 月发布了第一公开版本，称为统一方法 UM0.8（Unified-Method）。1995 年秋，OOSE 的创始人 Jacobson 加盟到这一工作中。经过 Booch、Rumbaugh 和 Jacobson 三人的共同努力，于 1996 年 6 月和 10 月分别发布了两个新的版本，即 UML0.9 和 UML0.91，并将 UM 命名为 UML。

2.1.3　UML 的主要内容

作为一种建模语言，UML 的定义包括 UML 语义和 UML 表示方法两个部分。

1．精确的元模型定义

元模型为 UML 的所有元素在语法和语义上提供了简单、一致、通用的定义性说明，使开发者能在语义上取得一致，消除了因人而异的表达方法所造成的影响。此外，UML 还支持对元模型的扩展定义。

2．UML 表示法定义了 UML 的表示符

UML 表示法为建模者和建模支持工具的开发者提供了标准的图形符号和正文语法。这些图形符号和文字所表达的是应用级的模型，在语义上，它是 UML 元模型的实例。使用这些图形符号和正文语法可为系统建模建造标准的系统模型。

3．UML 采用的是一种图形表示法，是一种可视化的图形建模语言

UML 定义了建模语言的文法，例如，在类图中定义了类、关联、多重性等概念在模型中是如何表示的。传统上，人们只是对这些概念进行了非形式化的定义，特别是在不同的方法中，许多概念、术语和表示符号十分相似。

4．UML 提供 5 类图形

（1）用例图（Use Case Diagram）：从用户角度描述系统功能，并指出各功能的操作者。

（2）静态图（Static Diagram）：包括类图、对象图和包图。其中，类图描述系统中类的静态结构。不仅定义系统中的类，还表示类之间的联系，如关联、依赖、聚合等，也包括类的内部结构（类的属性和操作）。类图描述的是一种静态关系，在系统的整个生命周期都是有效的。对象图是类图的实例，几乎使用与类图完全相同的标志。它们的不同点在于对象图显示类的多个对象实例，而不是实际的类。一个对象图是类图的一个实例。由于对象存在生命周期，因此对象图只能在系统某一时间段存在。包图由包和类组成，表示包与包之间的关系。包图用于描述系统的分层结构。

（3）行为图（Behavior Diagram）：描述系统的动态模型和组成对象之间的交互关系，其中状态图描述类的对象所有可能的状态及事件发生时状态的转移条件。通常，状态图是对类图的补充。实际上，并不需要为所有的类图画状态图，仅为那些有多个状态、其行为受外界环境的影响且发生改变的类画状态图。活动描述满足用例要求所要进行的活动及活动之间的约束关系，有利于识别并行活动。

（4）交互图（Interactive Diagram）：描述对象之间的交互关系。其中，顺序图显示对象之间的动态合作关系，它强调对象之间消息发送的顺序，同时显示对象之间的交互；合作图描述对象的协作关系，合作图与顺序图相似，显示对象之间的动态合作关系。除信息显示交换外，合作图还显示对象及它们之间的关系。如果强调时间和顺序，则使用顺序图；如果强调上下级关系，则选择协作图。这两种图合称为交互图。

（5）实现图（Implementation Diagram）：组件描述代码部件的物理结构及各部件之间的依赖关系。一个部件可能是一个资源代码部件、一个二进制部件或一个可执行部件。它包含逻辑类或实现类的有关信息。部件图有助于分析和理解部件之间的相互影响程度。

任务 2.2　UML 的概念模型

为了理解 UML，掌握 UML 的概念模型，需要学习三个要素：UML 的基本构造块，支配这些构造块如何放在一起的规则和一些运用于整个 UML 中的机制。

2.2.1　UML 的三个基本构造块（事物、关系、图）

事物是对模型中最具有代表性的成分的抽象，关系把事物组合在一起，图聚集了相关的事物。

1．UML 中的事物

UML 中的事物有结构事物、行为事物、分组事物、注释事物。这些事物是 UML 模型中最基本的面向对象的构造块，用它们可以写出结构良好的模型。

1）结构事物

结构事物是 UML 中的名词，它们通常是模型中的静态部分，描述概念或物理元素，共有 7 种结构事物。

（1）类。类是一组具有相同属性、相同操作、相同关系和相同语义的对象的描述。一个类实现一个或多个接口。类在 UML 中被画为一个矩形，通常包括它的名字、属性和方法，如图 2-1（a）所示。

（2）接口。接口描述了一个类或组件的一个服务的操作集。因此，接口描述元素的外部可见行为。一个接口可以描述一个类和组件的全部行为和部分行为。接口定义了一组操作的描述，而不是操作的实现。接口很少单独存在，通常依附于实现接口的类或组件。接口在 UML 中被画为一个带有名称的圆，如图 2-1（b）所示。

（3）协作。协作定义了一个交互，它是由一组共同工作以提供某协作行为的角色和其他元素构成的一个群体，这些协作行为大于所有元素的各自行为的总和。因此，协作有结构、行为和维度。协作在 UML 中用一个虚线画的椭圆和它的名字来表示，如图 2-1（c）所示。

（4）用例。用例用来描述系统对事件做出响应时所采取的行动。在模型中，它通常用来组织行为事物，通过协作来实现。在 UML 中，用例画为一个实线椭圆，通常仅包含它的名称，如图 2-1（d）所示。

（5）主动类。它的对象至少拥有一个或多个进程或线程。主动类的对象代表的元素的行为和其他元素的行为是同时存在的，除此之外，主动类和类是一样的。在 UML 中，主动类的画法和类是一样的，不同的是边框用粗线条，如图 2-1（e）所示。

（6）组件。组件是系统中物理上可替换的部分，它提供一组接口实现。在一个系统中，可能会遇到不同种类的组件。在 UML 中，组件画成一个带有小方框的矩形，通常在矩形中只写该组件的名称，如图 2-1（f）所示。

（7）节点。节点是一个物理元素，它在运行时存在，代表一个可计算的资源，通常占用一些内存，具有处理能力。一个组件集合可以驻留在一个节点内，也可以从一个节点迁移到另一个节点。在 UML 中，节点画成一个立方体，通常在立方体中只写它的名称，如图 2-1（g）所示。

类、接口、协作、用例、主动类、组件和节点这 7 个元素是在 UML 模型中最基本的结构化事物，前 5 种元素描述的是概念或逻辑事物，后 2 种描述的是物理事物。系统中还有基本元素的变化体，如角色、信号、进程和线程应用程序、文档、文件、库、表等。

（a）类　　　（b）接口　　　（c）协作　　　（d）用例　　　（e）主动类　　　（f）组件　　　（g）节点

图 2-1　结构化事物

2）行为事物

行为事物是 UML 模型中的动态部分。它们是模型的动词，描述了跨越时间和空间的行为，有两种主要的行为事物。

（1）交互。交互是指在一组对象之间，在特定上下文中，为达到特定的目的进行的系列消息交换而组成的动作。一个对象群体的行为或单个操作的行为可以用一个交互来描述。在交互中，组成动作的对象的每个操作都要详细列出，包括消息、动作次序（消息产生的动作）、链（对象之间的连接）。在 UML 中，消息画成带箭头的直线，通常加上操作的名字，如图 2-2（a）所示。

（2）状态机。状态机描述了一个对象或交互在生命周期内响应事件所经历的状态序列。单个类或者一组类之间协作的行为也可以用状态机来描述。在状态机中要列出到其他的元素，包括状态、转换（一个状态到另一个状态的迁移）、事件和活动。在 UML 中，状态画成一个圆角矩形，如图 2-2（b）所示。

（a）交互　　　　　　　　　　　　　　　　　（b）状态机

图 2-2　行为事物

3）分组事物

分组事物是 UML 模型中的组织部分，可以把它们看成是一些"盒子"，模型分解后放在这些"盒子"中。分组事物只有一个，称为包。

包是一种将有组织的元素分组的机制。结构事物、行为事物，甚至其他的分组事物都有可能放在一个包中。与组件（存在与运行时）不同的是，包纯粹是一种概念上的东西，只存在于开发阶段。

包也有变体，如框架、子系统等。

在 UML 中，包画成一个左上角带有一个小矩形的大矩形，在矩形中有包的名字，有时包含内容，如图 2-3 所示。

4）注释事物

注释事物是 UML 模型的解释部分，用来描述、说明和标注模型中的元素。注释事物只有一种，称为注解。

注解依附于模型元素存在，对元素进行约束或解释。在 UML 中，注解画成一个右上角是折角的矩形。矩形中包含有文字或者图形解释，如图 2-4 所示。

图 2-3　包　　　　　　　　　　　图 2-4　注解

2．UML 中的关系

关系是事物之间的联系。所有的系统都是由许多类和对象组成的，系统的行为由系统中对象之间的协作定义。关系提供了对象之间交互的通道。UML 中有 4 种关系：依赖、关联、泛化和实现。

1）依赖

依赖是一种使用关系，它说明一个事物的变化可能影响到使用它的另一个事物，但反之未必。在一般情况下，在类中用依赖表示一个类把另一个类作为它操作的参数。有时，也可以在很多其他的事物之间建立依赖，特别是注解和包。

在 UML 中，依赖关系画成一条带箭头的虚线，箭头指向被依赖的事物，如图 2-5（a）所示。

2）关联

关联是类之间的一种连接关系，通常是一种双向关系。从语义角度来说，关联的类之间要求有一种手段使得它们彼此能够索引到对方，这种手段就是关联。

在 UML 中，关联关系画成一条连接相同类或不同类的实线，通常还包含名称、角色和多重性等，如图 2-5（b）所示。

3）泛化

泛化是一般事物（称为超类或父类）和该事物的较为特殊的种类（称为子类）之间的关系，也称为"is a of"关系。

在 UML 中，泛化关系画成一条带有空心大箭头的实线，箭头指向父类，如图 2-5（c）所示。

4）实现

实现是规格说明和其实现之间的关系。规格说明描述了某种事物的结构和行为，但是不决定这些行为如何实现。实现提供了如何以高效的可计算的方式来实现这些行为的细节。实现是元素之间多对多的联系。

在 UML 中，实现关系画成一条带有空心大箭头的虚线，箭头指向提供规格说明的元素，如图 2-5（d）所示。

图 2-5　关系

3．UML 中的图

图是一组元素的图形表示，通常表示成由顶点（事物）和弧（关系）组成的连通图。图是对组成系统的元素的图形投影，不同的图形从不同的角度对系统进行观察建立模型。

UML 定义了 9 种图形：类图、对象图、用例图、顺序图、协作图、状态图、活动图、组件图和实施图。

2.2.2 UML 的规则

一个结构良好的模型应该在语义上前后一致，并且与所有的模型协调一致。

UML 中定义了一套规则用于描述事物的语义。UML 规则包括以下内容。

（1）命名：为事物、关系和图命名。

（2）范围：给一个名称以特定含义的语境。

（3）可见性：怎样让其他人使用或看见名称。

（4）完整性：事物如何正确、一致地相互联系。

2.2.3 UML 中的公共机制

在 UML 中，有 4 种公共机制贯穿整个语言，保证具有公共特征的模式的一致性，可以使模型更为简单和协调。这 4 种机制是规格说明、修饰、通用划分和扩展机制。

1．规格说明

UML 的规格说明提供了对构造块的语法和语义的文字描述。实际上，UML 不只是一种图形语言，在它的图形表示法的每个部分都有一个规格说明，规格说明提供了一个语义底版，它包含了一个系统的各模型的所有部分，并且各部分相互联系，保持一致，而 UML 的图形不过是对底版的简单视觉投影。

2．修饰

UML 中的大多数元素具有唯一的和直接的图形表示符号，这些图形符号对元素的最重要的方面提供了可视化表示，而元素的规格说明中包含的其他细节表示为图形或者文字修饰。

3．通用划分

在面向对象系统建模中，存在以下两种划分方法。

（1）类和对象的划分。类是一个抽象，对象是类的一个实例。UML 的每个构造块几乎都存在像类/对象这样的二分法，例如，用例和用例实例、关联和链等。

（2）接口和实现的分离。接口声明了一个契约，而实现则表示了对该契约的具体实施，它负责如实地实现接口的完整语义。UML 的每个构造块几乎都存在像接口/实现这样的二分法，如用例和实现它们的协作、操作和实现它们的方法。

4．扩展机制

UML 的扩展机制包括以下 3 项。

（1）构造型：扩展了 UML 的词汇，允许从现有的构造块创造新的构造块。

（2）标记值：标记值扩展了 UML 构造块的特性，可以为元素增加新的特性。

（3）约束：约束扩展了构造块的语言，它允许增加新的规则或修改现有的规则。

任务 2.3 UML 的静态建模机制

任何一个系统都具有一定的静态结构，它描述系统的静态特性，同时它也是人们认识系统动态特征的基础。因此，任何一种建模语言都要提供描述系统静态结构的手段和方法，UML 也不例外。UML 的静态建模机制包括用例图、类图、对象图、包、组件图和配置图。其中，用例图主要用来描述系统的外部行为；类图和对象图主要用来定义和描述类和对象，以及它们的属性和操作；包则主要用来管理那些具有紧密关联的 UML 模型元素。

2.3.1 用例图

用例图主要用于对系统、子系统或类的行为进行建模，它主要说明系统实现功能，而不必说明如何实现。用例图表示了从系统的外部用户（参与者）的观点来看，系统应具有什么功能。每个用例图都包含以下3个方面内容。

（1）参与者。

（2）一组用例。

（3）参与者与系统中的用例之间的交互或者关系，包括关联关系、依赖关系和泛化关系。

1．参与者

在 UML 规格文件中，参与者的定义是：参与者是直接与系统相互作用的系统、子系统或类似外部实体的抽象。在 UML 用例图中，小人图符表示参与者，方框表示系统边界，如图 2-6 所示。从图中可以看出，参与者在系统之外。参与者是与系统交互或者使用系统的某个人或某个物，但它不是系统的一部分；它提供系统的输入并从系统接收相关信息；它在系统的外部并且不能控制用例。

图 2-6　用例图

每个参与者定义了一个角色集合。通常，一个参与者可以代表一个人、一个计算机子系统、硬件设备或者时间等角色。参与者是用例图的一个重要组成部分，它往往是发现新的用例的基础，同时也是分析员与用户交流的起点。

如何识别参与者？通常我们要和系统的用户进行广泛而深入的交流，明确系统必须具备的主要功能，然后根据这项功能，为参与系统工作的用户分配主要责任等。为了识别出一个系统所牵涉的参与者，我们可以向用户提出以下问题。

（1）谁将使用系统的主要功能？

（2）谁将需要系统的支持来完成他们的日常任务？

（3）谁必须维护、管理和确保系统正常工作？

（4）谁将给系统提供信息、使用信息和删除信息？

（5）系统需要处理哪些硬件设备？

（6）系统使用了外部资源吗？

（7）系统需要与其他系统交互吗？

（8）谁或者什么对系统产生的结果感兴趣？

（9）一个人同时使用几种不同的规则吗？

（10）几个人使用相同的规则吗？

（11）系统使用遗留下来的应用吗？

对所有上述问题的回答涵盖了所有与系统有关联的用户。对这些用户的角色进行分析和分配，就可以得到当前正在开发的系统应当具有的参与者。

2．用例

用例是对一组动作序列（其中包括变体）的描述，系统执行该组动作序列来为参与者产生一个可观察的结果。一个用例包含了一个"参与者—用例对"之间发生的所有事件，我们可以简单地将用例理解为外部用户（参与者）使用系统的某种特定的方法。用例是系统提供的功能块，它说明人们如何使用系统。用例具备如下一些特征。

（1）说明了系统具有的一种行为模式。

（2）说明了一个参与者与系统执行的一个相关的事务序列。

（3）提供了一种获取系统需求的方法。

（4）提供了一种与最终的用户和领域专家进行沟通的方法。

（5）提供了一种测试系统的方法。

如何识别正在开发的系统必须具备的用例呢？为了正确地回答这个问题，最好是对参与者的需求进行研究，并定义出参与者是怎样处理系统的。具体地讲，可以提出下面几个问题，然后根据对这些问题的回答来确定用例。

（1）参与者要向系统请求什么功能？

（2）每个参与者的特定任务是什么？

（3）参与者需要读取、创建、撤销、修改或存储系统的某些信息吗？

（4）是否任何一个参与者都要求系统通知有关突发性的、外部的改变？或者必须通知参与者关于系统中发生的事件？

（5）这些事件代表了哪些功能？

（6）系统需要哪些输入/输出？

（7）这些输入/输出来自哪里或者到哪里去？

（8）哪些用例支持或维护系统？

（9）是否所有功能需求都被用例使用了？

（10）系统当前实现的主要问题是什么？

因为系统的全部需求通常不可能在一个用例体现出来，所以一个系统往往会有很多用例，即存在一个用例集。这些用例加在一起规定了所有使用系统的方法。用例可以有一个名字，它非正式地描述了参与者和对象之间的事件序列。

3．关系

1）关联关系

关联关系描述参与者与用例之间的通信关系。建立通信关系之后，信息可以双向流动。关系方向显示的不是信息的流动方向，而是谁启动信息。

例如："超市销售管理系统"的用例图，参与者为店员、库存系统、总账系统。库存系统和总账系统是销售管理系统之外的两个系统。店员要输入相应的商品信息，启动了和用例之间的通信，用例要改写库存系统和总账系统中的数据，启动了和子系统之间的通信。"超市销售管理系统"的用例图如图 2-7 所示。

2）依赖关系

依赖关系是存在于两个模型要素之间的一种关系，其中一个模型要素的改变将影响另一个模型要素。对于两个具有同级含义的模型要素，用依赖关系进行连接。通常，在类图上，一个依赖关系指明客户的操作激活提供者的操作。

除状态图和对象图外，可以在任何一个模型图上对两个存在依赖关系的模型要素进行依赖性连接。例如，可以连接一个用例与另一个用例、一个包与另一个包，以及一个类与一个包。

图 2-7 "超市销售管理系统"的用例图

在用例图中，存在如下两种依赖关系。

（1）两个用例之间的依赖关系。

（2）一个参与者和一个用例之间的依赖关系。

3）泛化关系

泛化关系一般表示类之间的继承关系。在用例图中，也可以表示用例之间的继承关系。在用例继承中，子用例可以从父用例继承行为和含义，还可以增加自己的行为。在任何父用例出现的地方，子用例也可以出现。

例如，在"超市销售管理系统"中，如果系统具有销售折扣商品和预售商品的功能，则在销售用例之上还有两个衍生的子用例：销售折扣商品和预售商品。用例的泛化关系如图 2-8 所示。

参与者也存在泛化关系。假如店员包括全职店员和兼职店员，则可以形成如图 2-9 所示的参与者之间的泛化关系。

图 2-8 用例的泛化关系

图 2-9 参与者之间的泛化关系

4）关系的扩展

上述 3 种关系还可以用构造型进行相应的扩展，扩展为如下 3 种关系。

（1）扩展关系。扩展关系是一种构造型关系，它一般用于有条件地扩展已有用例的行为。扩展构造型可以放置在所有的关系上。然而，大多数扩展构造型都放置在依赖关系和关联关系上。扩展关系在系统分析和设计阶段很重要，因为它们表明了可选的功能或者系统行为。

（2）包含关系。包含关系是一种构造型关系，它将一个基用例连接到一个包含用例。包含关系规定基用例如何运用包含用例的行为。包含关系在系统分析与设计时也很重要，因为它们表达了包含用例功能被基用例使用。

（3）精化关系。精化关系是一种构造型关系，它在不同的语义层或者开发阶段连接两个或多个模型要素。它表示了某些在特定细节层次上规定的更加全面的规格说明。例如，一个设计类就是一个分析类的一种精化。在一个精化关系中，源模型要素是一般的，在定义上更加概括；而目标模型要素更加具体并得到了进一步的精化。

2.3.2 类图

类图是用类和它们之间的关系描述系统的一种图示，是从静态角度表示系统的一种静态模型。类图是构建其他图的基础。在类图的基础上，状态图、协作图等进一步描述了系统其他方面的特性。

对于一个系统，其类模型和对象模型解释了系统的结构。在 UML 中，类和对象模型分别由类图和对象图表示。类图技术是面向对象方法的核心。

1. 类

类是所有面向对象方法中最重要的概念。它是各种面向对象方法的基础，也是面向对象方法的目标。面向对象方法的最终目的是识别出所有必需的类，并分析这些类之间的关系，从而通过编程语言来实现这些类，最终实现整个系统。

类是对一组具有相同属性、相同行为、与其他对象有相同关系、有相同表现的对象的描述。类是对象的抽象。常见的类有人、汽车、公司等。

在 UML 中，类通常用矩形表示。类的描述包括类的名称、属性和操作 3 个部分，如图 2-10 所示。带有类作用域和约束特性属性的类如图 2-11 所示。

类的名称
属性
操作

图 2-10 类

发货单
+总计：real
+日期：date=当天日期
+客户：string
−管理员：string="未定"
−货单个数：Interger
+状态：status=unpaid{unpaid,paid}

图 2-11 带有类作用域和约束特性属性的类

1）名称

每个类都必须有一个名字，用来区分其他的类。类名是一个字符串，称为简单名字。给类命名时，最好能够反映类所代表的问题域中的概念。

2）属性

属性用来描述该类的对象所具有的特征。描述类的特征的属性可能很多，在系统建模时，我们只抽取那些系统中实用的特征作为该类的属性。换句话说，只关心那些"有用"的特征，通过这些特征就可以识别该类的对象。从系统处理角度讲，可能被改变值的特征，才作为类的属性。图 2-11 是类的一个示例。

类型表示该属性的种类。它可以是基本数据类型，如整数、实数、布尔型等，也可以是用户自定义的类型，一般由所涉及的程序设计语言确定。

属性有不同的可见性。利用可见性可以控制外部事物对类中属性的操作方式。属性的可见性有以下 3 种。

（1）公有属性：能够被系统中其他任何操作查看和使用，当然也可以被修改。

（2）私有属性：仅在类内部可见，只有类内部的操作才能存取该属性，并且该属性也不能被其子类使用。

（3）保护属性：供类内部的操作存取，并且该属性也能被其子类使用。

在 UML 中，这三种可见性分别表示为"+""−""#"。每条属性可以包括属性的可见性、属性名称、类型、默认值和约束特殊性。UML 描述属性的语法格式为：

可见性　属性名：类型名 = 初值｛约束特性｝

3）操作

操作是对数据的具体处理方法。存取或改变属性值或执行某个动作都是操作，操作说明了该类能做些什么工作。操作通常又称为函数，是类的一个组成部分，只能作用于该类的对象上。

一个类可以有多种操作，每种操作由操作名、参数表、返回值类型等几部分构成。标准语法格式为：

可见性　操作名（参数表）：返回值类型｛约束特性｝

操作的可见性也分为公有和私有两种，其含义等同于属性的公有和私有可见性。

参数表由多个参数构成，参数的语法格式为：

参数名：参数类型名 = 默认值

其中默认值的含义是，如果调用该操作时没有为操作中的参数提供实际参数，那么系统就自动将参数定义式中的默认值赋给该参数。如图 2-12 所示为参数的默认值示例。

画图
大小：size 位置：position
+draw() +resize (percentX：Integer=15，percentY：Integer=25) +returnPos()：position

图 2-12　参数的默认值示例

2．关联关系

1）关联

关联用于描述类与类之间的连接。由于对象是类的实例，因此，类与类之间的关联也就是其对象之间的关联。类与类之间有多种连接方式，每种连接的含义各不相同（语义上的连接），但因外部表示形式相似，故统称为关联。

关联关系一般都是双向的，即关联的对象双方彼此都能与对方通信。在 UML 中，关联用一条连接类的实线表示。

由于关联是双向的，可以在关联的一个方向上为关联起一个名字，而在另一个方向上起另一个名字（也可不起名字）。为了避免混淆，在名字的前面或后面带一个表示关联方向的黑三角，黑三角的尖角指明这个关联只能用在尖角所指的类上。

如果类与类之间的关联是单向的，则称为导航关联。导航关联采用实线箭头连接两个类，只有在箭头所指的方向上才有这种关联关系。如图 2-13 所示，图中只表示某人可以拥有汽车，但汽车被人拥有的情况没有被表示出来。

2）关联的命名

由于关联可以是双向的，最复杂的命名方法是每个方向上给出一个名字，这样的关联有两个名字，可以用小黑三角表示名字的方向。

3）角色

关联两头的类以某种角色参与关联。如图 2-14 所示，"公司"以"雇主"的角色，"人"以"雇员"的角色参与的"工作合同"关联。"雇主"和"雇员"为角色名，如果在关联上没有标出角色名，则隐含地用类的名称作为角色名。角色还具有多重性，表示可以有多少个对象参与该关联。在图 2-14 中，雇主（公司）可以雇用（签工作合同）多个雇员，表示为"*"；雇员只能与一家雇主签订工作合同，表示为"1"。多重性表示参与对象的数目的上下界限制。

图 2-13 关联表示   图 2-14 关联的角色

在 UML 中常用的多重性标志如表 2-1 所示。

表 2-1 在 UML 中常用的多重性标志

多 重 性	含 义
n	多个
1	仅有 1 个
0．．n	0 或者更多
1．．n	1 个或者更多
0．．1	0 个或者 1 个
\<number\>	确定的个数，如 3 个（3）
\<number1\>．．\<number2\>	特定的范围，如 3～5 个（3．．5）
\<number1\>．．\<number2\>，\<number3\>	特定的范围或者 1 个确定数字，如 3～8 个或者 9 个（3．．8，9）
\<number1\>．．\<number2\>，\<number3\>．．\<number4\>	几个范围中的 1 个，如 3～6 个或者 5～9 个（3．．6，5．．9）

4）关联类

一个关联可能要记录一些信息，可以引入一个关联类来记录。如图 2-15 所示是在图 2-14 的基础上引入的关联类。关联类通过一条虚线与关联连接。

5）聚集和组成

聚集是一种特殊形式的关联，聚集表示类之间的关系是整体与部分的关系。一辆轿车包含 4 个车轮、1 个方向盘、1 个发动机和 1 个底盘，这是一个聚集的例子。在需求分析中，"包含""组成""分为……部分"等经常设计成聚集关系。

聚合图示方式为在表示关联关系的直线末端加一个空心菱形，空心菱形紧挨着具有整体性质的类。在聚合关系中可以出现重数、角色和限定词，也可以给聚合关系命名。在如图 2-16（a）所示的关系中，空军由许多飞机组成。聚集可以进一步划分成共享聚集和组成，如课题组包括许多成员，但成员又可以是另一个课题组的成员，部分可以参加多个整体，称为共享聚集，如图 2-16（b）所示。

另一种情况是整体拥有部分，部分与整体共享，如果整体不存在了，则部分也会随之消失，这称为组成。例如，旅客列车由火车头及若干个车厢组成，车厢分为软席、硬席、软席卧铺和硬席卧铺 4 种，如果列车不存在，则不会存在组成该列车的火车头及若干个车厢。组成如图 2-17 所示。

在 UML 中，聚集用空心菱形表示，组成用实心菱形表示。

图 2-15　关联类　　　　　　　　　　　图 2-16　聚集

3．泛化

泛化被定义为一个抽象级别上更一般的元素和一个更具体的元素之间的类属关系，并且该更具体的元素与更一般的元素在外部行为上保持一致，而且还包含一些附加的消息。同时，更具体的类的实例可以替换所有更一般的类的实例在所有场合出现。

通过特化（或具体化），可以往一个更一般的类中增加一些元素（属性或操作），或者更具体地解释某个元素（如操作），从而得到一个更具体的类。

通常称更一般的类为父类（超类），更具体的类称为子类，二者之间的关系称为继承。

子类和超类之间具有一种"is a"的关系，如"汽车是一种交通工具"。交通工具是汽车的超类，所有有关交通工具的性质，汽车都具有。

在 UML 中，泛化用一头为空心三角形的连线表示，如图 2-18 所示。

图 2-17　组成　　　　　　　　　　　图 2-18　泛化

4．依赖关系

有两个元素（X、Y），如果修改元素 X 的定义可能会引起对另一个元素 Y 的定义的修改，则称元素 Y 依赖于元素 X。在类中，依赖由各种原因引起，例如，一个类向另一个类发消息，一个类是另一个类的数据成员，一个类是另一个类的某个操作参数等。如果一个类的界面改变，则它发出的任何消息可能不再合法。

5．约束

在 UML 中，可以用约束表示规则。约束是放在大括号"{ }"中的一个表达式，表示一个永真的逻辑陈述。在程序设计语言中，约束可以由断言来实现。

2.3.3　对象图

对象图是表示在某一时刻类的具体实例和这些实例之间的具体连接关系。由于对象是类的实例，所以 UML 对象图中的概念与类图中的概念完全一致，对象图可以看作类图的示例，帮助人们理解一个比较复杂的类图，对象图也可用于显示类图中的对象在某一点的连接关系。

对象是类的实例，对象之间的链是类之间的关联的实例。在 UML 中，对象与类的图形表示相似，链的图形表示与关联相似。对象图常用于表示复杂类图的一个实例。如图 2-19 所示为一个类图和一个对象图，其中对象图是类图的实例。

（a）类图　　　　　　　　　　　　（b）对象图

图 2-19　类图和对象图

2.3.4　包

包是一种分组机制，把各种各样的模型元素通过内在的语义连在一起成为一个整体就称为包。构成包的模型元素称为包的内容，常用于对模型的组织管理，因此有时又将包称为子系统。包拥有自己的模型元素，包与包之间不能共用一个相同的模型元素。包的实例没有任何语义，在模型执行期间才有意义。

包图为类似书签卡片的形状，由两个长方体组成，小长方体（标签）位于大长方体的左上角。如果包的内容没被图示出来，则包的名字可以写在大长方体内，否则包的名字可以写在小长方体内，如图 2-20 所示。

包能够引用来自其他包的模型元素，一个包从另一个包中引用模型元素时，两个包之间就建立了关系。包之间允许建立的关系有依赖、精化和泛化，包的依赖关系如图 2-21 所示。

图 2-20　包的表示法

图 2-21　包的依赖关系

不仅是类，任何模型元素都运用包的机制。如果没有任何启发性原则来指导类的分组，分组方法就是任意的。在 UML 中，最有用的和强调最多的启发性原则就是依赖。包图主要显示类的包及这些包之间的依赖关系，有时还显示包和包之间的继承关系和组成关系。

2.3.5　使用类图的几个建议

采用 UML 进行建模时，必须对 UML 类图引入的各种要素有清晰的理解。以下对使用类图进行建模提出几点建议。

1．不要试图使用所有的符号

从简单的开始，例如，类、关联、属性和继承等概念。在 UML 中，有些符号仅用于特殊的场合和方法中，只有当需要时才使用。

2．根据项目开发的不同阶段，用正确的观点来画类图

当处于分析阶段时，应画概念层类图；当开始着手软件设计时，应画说明层类图；当考察

某个特定的实现技术时，应画实现层类图。

3．不要为每个事物都画一个模型，应该把精力放在关键的领域

最好只画几张较为关键的图，经常使用并不断更新修改。使用类图的最大危险是过早地陷入实现细节。为了避免这一危险，应该将重点放在概念层和说明层。如果已经遇到了一些麻烦，可以从以下几个方面来反思你的模型。

（1）模型是否真实地反映了研究领域的实际？

（2）模型和模型中的元素是否有清楚的目的和职责？（在面向对象方法中，系统功能最终是分配到每个类的操作上实现的，这个机制称为职责分配。）

（3）模型和模型元素的大小是否适中？过于复杂的模型和模型元素是很难生存的，应将其分解成几个相互合作的部分。

任务 2.4　UML 的动态建模机制

从系统模型的角度而言，静态模型定义并描述了系统的结构和组成。任何实际的系统都是活动的，都要通过系统元素之间的"互动"来达到系统目的。动态模型的任务就是定义并描述系统结构元素的动态特征及行为。

UML 的动态模型包括状态模型、顺序模型、协作模型和活动模型，通常以状态图、顺序图、协作图和活动图来表示。状态模型关注一个对象的生命周期内的状态及状态变迁，以及引起状态变迁的事物和对象在状态中的动作等。顺序模型和协作模型强调对象之间的合作关系，通过对象之间的消息传递以完成系统的用例。活动图用于描述多个对象在交互时采取的活动，它关注对象如何相互活动以完成一个事务。

2.4.1　对象之间的交互

在任何一个系统中，对象都不是孤立存在的，它们之间通过传递消息进行交互。什么是消息？它不是人们日常生活中的消息的概念，因为消息是在通信协议中发送的。通常情况下，当一个对象调用另一个对象中的操作时，消息通过一个简单的操作调用来实现：当操作执行完成时，控制和执行结果返回给调用者。消息也可能是通过一些通信机制在网络上或一台计算机内部发送的真正的报文。UML 的所有动态模型都是采用消息机制来进行对象的交互的。

在 UML 中，消息的图形表示是用带箭头的线段将消息的发送者和接收者联系起来，箭头的类型表示消息的类型。UML 定义的消息类型有 4 种，如图 2-22 所示。

图 2-22　消息类型

1．简单消息

简单消息表示简单的控制流，用于描述控制如何在对象之间进行传递，而不考虑通信的细节。

2．同步消息

同步消息表示嵌套的控制流，操作的调用是一种典型的同步消息，调用者发出消息后必须等待消息返回，只有当处理消息的操作执行完毕后，调用者才可继续执行自己的操作。

3．异步消息

异步消息表示异步控制流。当调用者发出消息后，不用等待消息的返回即可继续执行自己的操作。异步消息主要用于描述系统中的并发行为。

4．同步且立即返回消息

同步且立即返回消息是同步消息和简单消息的叠加，也就是操作调用一旦完成就立即返回。

2.4.2 状态图

状态图主要用来描述对象、子系统、系统的生命周期。通过状态图可以了解到一个对象所能到达的所有状态及对象收到的事件（收到消息、超时、错误、条件满足）时，其状态的变化情况。大多数面向对象技术都用状态图表示单个对象在其生命周期的行为。一个状态图包括一系列的状态及状态之间的转移。

1．状态和转移

状态是一种存在状况，它具有一定的时间稳定性，即在一段有限时间内保持对象（或系统）的外在情况和内在特性的相对稳定。一个对象在它的生命期内通常有多个状态存在，随着时间的推移和外部事件的激励，对象的状态将发生变化。

所有对象都具有状态。状态具有两种含义：一是对象的外在状况，如电视的开与关、汽车的行驶与停止等；二是对象的内在特性，即对象的属性，如电视机对象中的"开关"属性的值。对象的外在状况是由其内在特性所确定的。

对象的属性可称为状态变量，所有属性构成状态变量集合，而状态由状态变量子集决定。

在 UML 中，状态用一个圆角的矩形表示。对象在它的生命周期中有两个特殊的状态：第一个是初态，表示状态图的默认开始位置；第二个是终态，表示状态图的终点。初态用一个实心的圆表示，终态用一个内部含有一个实心圆的圆圈表示。一个状态图只能有一个初态，而终态则可以有多个。发票的状态图如图 2-23 所示。

图 2-23 发票的状态图

从图 2-23 中可以看出，发票具有两个状态："未付款"状态和"已付款"状态。当某人付了款以后，发票对象的状态由"未付款"转移到"已付款"。状态之间的连接称为状态迁移。

发票状态图表明发票的状态变化是直线式的，即由开始、未付款、已付款到结束。还有一种循环式的状态变化，对象在几个状态之间不停往复地迁移。图 2-24 为拨打电话的状态图。

一个状态一般包含 3 个部分：状态名称、可选的状态变量的变量名、变量值和可选的活动表，如图 2-25 所示。

其中，状态变量是指对象处在该状态下需要访问或更新的与该状态下可能采取的动作和可能发生的状态转移紧密相关的变量。这个变量可以是对象的一个属性（或几个属性的组合），也可以是临时变量。活动通常可以归纳为：进入状态的活动、退出状态的活动和处于状态中的活动。在 UML 中，活动部分的语法格式为：

事件名 参数表'/'动作表达式

其中，事件名可以是任何事件，包括 entry、exit 和 do，它们分别表示进入状态的事件、离开状态的事件、处于状态中的事件。参数表指明事件的参数，动作表达式指明对应该事件对象所采取的动作。如图 2-26 所示，注册状态中所示的活动，其中 help 活动是用户自定义的。

图 2-24　拨打电话的状态图

图 2-25　状态的 3 个组成部分

图 2-26　注册状态

如果我们在状态转移上表明一个事件，则说明一旦该事件发生就将触发这个状态转移。但是，也可以不指明状态转移的触发事件，那么一旦该状态转移所对应的源状态中有内部活动执行，状态转移将自动触发使得状态改变。

转移是两个状态之间的关系，一个转移由 5 个部分组成。

（1）源状态：即受转移影响的状态。如果一个对象处于源状态，当该对象接收到转移的触发事件时或满足监护条件时，就会激活状态。

（2）事件触发：源状态中的对象接收这个事件使转移合法地激活，并使监护条件得到满足。

（3）监护条件：是一个布尔表达式，当转移因事件触发器的接收而被触发时，对这个布尔表达式求值。如果表达式值为真，则激活转移；如果为假，则不激活转移；如果没有其他的转移被此事件触发，则事件丢失。

（4）动作：是一个可执行的原子计算，它可以直接作用于对象。

（5）目标状态：转移完成后的对象状态。

2．事件

事件指的是发生的且引起某些动作执行的事情。

例如，按下 CD 机上的"Play"按钮时，CD 机开始播放（假定 CD 机的电源已接通，已装入 CD 盘且 CD 机是好的）。

在此例子中，"按下'Play'按钮"就是事件，而事件引起的动作是"开始播放"。当事件和动作之间存在着某种必然关系时，我们将这种关系称为"因果关系"，将这种事件称为状态转移事件。

UML 事件定义了以下 4 种可能事件。

（1）条件变为真事件，如监护条件变为真值。

（2）来自其他对象的明确信号。这也是一种事件，可以称为消息，这种信号本身就是一个对象。

（3）来自其他事件对象（或自身）的服务请求（操作调用）。这种事件也可以称为消息。

（4）定时事件。

UML 规定，事件不能存储，它具有时效性。

3．子状态

状态图中存在某些状态，它们一方面可能在执行一系列动作，另一方面可能要响应一些事件。这时，可以进一步分解状态，得到子状态图，用以描述一个状态的内部状态变化过程。无论对象处于哪个子状态，外部表现出来的仍然是同一个状态。

例如，一个处于行驶状态的汽车，在"行驶"这个状态中有向前和向后两个不同的子状态。在某个时刻，汽车对象只能处于两种子状态中的一种，具备这种性质的子状态称为"或子状态"，如图 2-27 所示。与其相对应的是一种"与子状态"，与子状态是一种并发子状态，如图 2-28 所示。具有并发子状态的状态图称为并发状态图。

图 2-27　或子状态

图 2-28　并发子状态

4．历史指示器

历史指示器被用来存储内部状态。例如，如果对象处于某一状态，经过一段时间后可能会返回到该状态，则可以用历史指示器来保存该状态。如果到历史指示器的状态转移被激活，则对象恢复到该区域内的原始状态。历史指示器用在空心圆中放一个"H"来表示。可以有多个指向历史指示器的状态转移，但没有从历史指示器开始的状态转移。

2.4.3　交互图

交互图显示一个交互，由一组对象和它们之间的关系构成，其中包括：需要什么对象，对象相互发送什么消息，什么角色启动消息，消息按什么顺序发送。

交互图分为两种：顺序图和协作图。顺序图强调消息时间顺序，协作图强调接收和发送消息的对象的组织结构。

1．顺序图

顺序图用来描述对象之间的交互关系，着重体现对象之间消息传递的时间顺序。顺序图具备了时间顺序概念，从而可以清晰地表示对象在其生命周期的某一时刻的动态行为。

顺序图中显示的对象沿横轴排列；纵轴方向表示对象的生命周期，因而可看成是时间轴。对象之间的通信通过在对象的生命线之间画消息来表示。消息的箭头指明消息的类型。顺序图如图 2-29 所示。

图 2-29　顺序图

在 UML 中，对象用矩形表示，对象的名字用带下画线的单词表示，即 <u>Object:Class</u>。
其中，<u>Object</u> 指明对象，<u>Class</u> 定义 <u>Object</u> 的类型。通常采用以下 3 种形式。

（1）<u>Object</u> 指明对象名，但未指出它的类型。

（2）<u>:Class</u> 指明对象的类型，但未指出它的名称。

（3）<u>Object:Class</u> 指明对象的类型和名称。

一个对象可以通过发送消息来创建另一个对象，当一个对象被删除或自我删除时，该对象用"×"标志。顺序图中的消息可以是信号、操作调用或类似于 C++中的 RPC（Remote Produce Calls）和 Java 中的 RMI（Remote Method Invocation）。当收到消息时，接收对象立即开始执行活动，即对象被激活了。通过在对象生命线上显示一个细长矩形框来表示激活。每一条消息可以有一个说明，内容包括名称和参数。

消息也可带有序号，但较少使用。

消息还可带有条件表达式，表示分支或决定是否发送消息。如果用于表示分支，则每个分支是相互排斥的，即在某一时刻仅可发送分支中的一个消息。

在顺序图的左边可以有说明信息，用于说明信息发送的时刻、描述动作的执行情况及约束信息等。一个典型的例子就是用于说明一个消息是重复发送的。另外，可以定义两个消息间的时间限制。

2．协作图

协作图用于描述相互合作的对象之间的交互关系和链接关系。虽然顺序图和协作图都用来描述对象间的交互关系，但侧重点不一样。顺序图着重体现交互的时间顺序，协作图则着重体现交互对象之间的静态链接关系。协作图如图 2-30 所示。

图 2-30　协作图

1）链接

协作图中的对象之间的关系首先是一种链接关系，这种关系可以是链接关系，也可以是消息连接关系。链接可以用于表示对象之间的各种关系，包括组成关系的链接、聚集关系的链接、限定关系的链接及导航链接。各种链接关系与类图中的定义相同，在链接的端点位置可以显示对象的角色名和模板信息。

一个服务器对象与一个客户对象具有链接关系，其中服务器对象的职责是服务器，客户机向服务器发出一个同步请求后，等待服务器的回答。如图 2-31 所示，客户对象与服务器对象之间的连接关系是链接和消息连接。

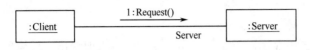

图 2-31　带链接的协作图

2）消息流

在协作图的连接线上，可以用带有消息串的消息来描述对象之间的交互。消息的箭头指明消息的流动方向。消息串说明要发送的消息、消息的参数、消息的返回值及消息的序列号等信息。

3）对象生命周期

在协作图中，对象的外观与顺序图中的一样。如果一个对象在消息的交互中被创建，则可在对象名称之后标 {new}；类似地，如果一个对象在交互期间被删除，则可在对象名称之后标 {destroy}。

2.4.4　活动图

活动图着重描述操作实现中所完成的工作，以及用例实例或对象中的活动。活动图是状态图的一个变种，与状态图有一些小的差别，活动图的主要目的是描述动作（执行的工作和活动）及对象状态改变的结果。当状态中的动作被执行（不像正常的状态图，它不需要指定任何事件）时，活动图中的状态（称为动作状态）直接转移到下一个阶段。活动图和状态图的另一个区别是，活动图中的动作可以放在"泳道"中，"泳道"聚合一组活动，并指定负责人和所属组织。活动图是另一种描述交互的方式，描述采取何种动作、做什么（对象状态改变）、何时发生（动作序列），以及在何处发生（泳道）。它可以用于下述几种目的。

（1）描述一个操作执行过程中（操作实现的实例化）所完成的工作（动作）。这是活动图的最常见用途。

（2）描述对象内部的工作。

（3）显示如何执行一组相关的动作，以及这些动作如何影响它们周围的对象。

（4）显示用例的实例如何执行动作及如何改变对象状态。

（5）说明一次商务活动中的工人（角色）、工作流、组织和对象是如何工作的。

1．活动和转移

一项操作可以描述为一系列相关的活动。活动仅有一个起点，但可以有多个结束点。一个活动可以顺序地跟在另一个活动之后，这是简单的顺序关系。如果在活动图中使用一个菱形的判断标志，则可以表达条件关系，判断标志可以有多个输入和输出转移，但在活动的运行中仅触发其中的一个输出转移。

活动图对表示并发行为也很有用。在活动图中，使用一个称为同步条的水平粗线可以将一条转移分为多个并发执行的分支，或将多个转移合为一条转移。此时，只有在输入的转移全部有效时，同步条才会触发转移，进而执行后面的活动。

2．泳道

活动图告诉你发生了什么，但没有告诉你该项活动由谁来完成。在程序设计中，这意味着活动图没有描述出各个活动由哪个类来完成。"泳道"解决了这个问题，它将活动图的逻辑描述与顺序图、协作图的责任描述结合起来。如图 2-32 所示，"泳道"用矩形框来表示，属于某个"泳道"的活动放在该矩形框内，将对象名放在矩形框的顶部，表示"泳道"中的活动由该对象负责。

3．对象

对象可以在活动图中显示。对象可以作为动作的输入或输出，或简单地表示指定动作对对象的影响。对象用对象矩形符号来表示，在矩形的内部有对象名或类名。当对象是一个动作的输入时，用一个从对象指向动作的虚线箭头来表示；当对象是一个动作的输出时，用一个动作指向对象的虚线箭头来表示。要表示一个动作对一个对象有影响时，只需用一条对象与动作之间的虚线来表示。作为一个可选项，可以将对象的状态用中括号括起来放在类的下面。

4．信号

在活动图中可以表示信号的发送与接收。有两个与信号有关的符号：一个表示发送信号，另一个表示接收信号。接收符号是一个一边凹陷的矩形，而发送符号是一个一边凸起的矩形。这两个符号共同表示一个信号，信号名称可以在发送或接收信号框中写出来。信号发送的过程用一条带方向的虚线表示，从发送符号的尖端到接收符号的凹顶端，如图 2-33 所示。

图 2-32　带有泳道和对象的活动图

图 2-33　信号符号

2.4.5　4 种图的运用

上面对 UML 中用于描述系统动态行为的 4 个图（状态图、顺序图、协作图和活动图）做了简单的介绍。这 4 个图均可用于系统的动态建模，但它们各自的侧重点不同，分别用于不同的目的。下面对如何正确使用这 4 个图做一个简单的总结，在实际的建模过程中要根据具体情况进行灵活运用。

首先，不要对系统中的每个类都画状态图。尽管这样做很完美，但太浪费精力，其实你可能只关心某些类的行为。正确的做法是：为帮助理解类而画它的状态图。状态图描述跨越多个用例的单个对象的行为，而不适合描述多个对象之间的行为合作。为此，常将状态图与其他技术（如顺序图、协作图和活动图）组合使用。

顺序图和协作图适合描述单个用例中几个对象的行为。其中，顺序图突出对象之间交互的顺序，而协作图的布局方法能更清楚地表示出对象之间的静态连接关系。当行为较为简单时，顺序图和协作图是最好的选择。但当行为比较复杂时，这两个图将失去其清晰度。因此，如果想显示跨越多用例或多线程的复杂行为，可考虑使用活动图。另外，顺序图和协作图仅适合描述对象之间的合作关系，而不适合对行为进行精确定义。如果想描述跨越多个用例的单个对象的行为，应当使用状态图。

项 目 小 结

UML 是面向对象方法使用的标准建模语言。常用的 UML 图有：用例图、类图、对象图、状态图、顺序图、协作图、活动图、构件图、部署图。UML 是一种有力的软件开发工具，它不仅可以用来在软件开发过程中对系统的各个方面建模，还可以用在许多工程领域。

拓 展 训 练

拓展训练任务 1 Microsoft Office Visio 的基础操作

1．训练目的
（1）熟悉 Microsoft Office Visio 的工作界面。
（2）掌握 Microsoft Office Visio 的基本操作方法。

2．训练要求
（1）启动 Microsoft Office Visio，设置工作环境并进行文件相关的操作。
（2）完成实训报告。

3．训练内容
Microsoft Office Visio 是菜单驱动式的应用程序，可以通过工具栏使用其常用工具。它的界面分两个部分：图元选择区和绘图区，如图 2-34 所示。图元选择区提供了用于绘制图形所需的图元，绘图区是绘制图形的工作区域。

图 2-34　Microsoft Office Visio 工作界面（1）

启动 Visio 并进行文件操作的步骤如下。

（1）选择【开始】|【程序】|【Microsoft Office】|【Microsoft Office Visio】命令启动 Microsoft Office Visio。启动 Microsoft Office Visio 后的界面如图 2-35 所示。

图 2-35　启动 Microsoft Office Visio 后的界面

（2）选择软件提供的某个模板，假设需要绘制系统流程图，选择流程图中的基本流程图，出现如图 2-36 所示的工作界面。

图 2-36　Microsoft Office Visio 工作界面（2）

（3）选择【文件】|【保存】命令可以把文件保存在指定位置。如果选择【另存为】命令，则把当前文件保存为新命名文件。

拓展训练任务 2　Rational Rose 的基础操作

1．训练目的

（1）熟悉 Rational Rose 的操作界面。

（2）掌握 Rational Rose 的基本操作方法。

2．训练要求

（1）启动 Rational Rose，设置工作环境并进行文件相关的操作。

（2）完成实训报告。

3．训练内容

Rational Rose 是菜单驱动式的应用程序，可以通过工具栏使用其常用工具。它的界面分 3 个部分：Browser 窗口、Diagram 窗口和 Document 窗口。Browser 窗口用来浏览、创建、删除和修改模型中的模型元素，Diagram 窗口用来显示和绘制模型的各种图，Document 窗口用来显示和书写各个模型元素的文档注释。

1）启动 Rational Rose

（1）启动 Rational Rose 的步骤如下。选择【开始】|【程序】|【Rational Software】|【Rational Rose Enterprise Edition】命令，弹出如图 2-37 所示的对话框。该对话框用来设置本次启动的初始动作，共有 New（新建模型）、Existing（打开现有模型）和 Recent（最近打开的模型）3 个选项卡。

图 2-37　"Rational Rose"启动对话框

（2）在【New】选项卡下有多种软件开发架构，假设该系统的开发基于 J2EE 平台，首先选中【J2EE】图标，单击【OK】按钮，出现如图 2-38 所示的 Rational Rose 主界面。

图 2-38　Rational Rose 主界面

Rational Rose 主界面由标题栏、菜单栏、工具栏、工作区和状态栏组成。默认的工作区分 3 个部分，分别是 Browser 窗口、Diagram 窗口和 Document 窗口。

2）保存和发布 Rational Rose 文件

Rational Rose 文件的保存类似于其他应用程序文件的保存，可以通过菜单和工具栏实现。

（1）保存模型文件的方法如下：如图 2-39 所示，选择【File】|【Save】命令（或者单击工具栏上的【Save】按钮），在弹出的对话框中输入需要保存文件的名称。本例将文件命名为 Library.mdl。

图 2-39　保存文件

（2）保存日志文件的方法如下：如图 2-40 所示，选择【File】|【Save Log As】命令（或者用鼠标右键单击日志窗口空白处，在弹出的快捷菜单中选择【Save Log As】命令），在弹出的对话框中输入需要保存文件的名称。本例将日志命名为 Library.Log。

图 2-40　保存日志文件

（3）发布 Rational Rose 模型的方法如下。

① 选择【Tools】|【Web Publisher】命令，弹出如图 2-41 所示的对话框，在其中选择要发布的模型视图和包。

② 单击【Publish】按钮后，开始自动生成模型发布文件。

③ 在指定的发布文件夹中生成如图 2-42 所示的文件及文件夹。

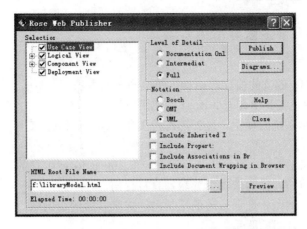

图 2-41 "Rose Web Publisher" 对话框

图 2-42 发布后所生成文件及文件夹

④ 要查看发布后的模型，可单击生成的文件 LibraryModel.html，其显示内容如图 2-43 所示。模型文件发布后，可以通过浏览器来查看整个系统的建模情况而不需要使用 Rational Rose，这种 Web 发布方式使更多人能更方便地浏览模型。

图 2-43 查看用例图

拓展训练任务3　学生管理系统练习

1．训练目的

（1）初步了解 UML 语言的概念、结构、语义与表示方法。

（2）掌握 UML 建模工具 Rational Rose 的使用方法。

（3）给出某个简单系统的模型，能够熟练地使用 Rational Rose 工具表达。

2．训练要求

（1）由指导教师讲解 UML 的一些基本概念及 Rational Rose 工具的一般使用方法；因时间关系略去需求分析环节，具体需求由指导教师直接提出。

（2）定义出顶层用例图、选课管理的用例图、成绩管理的用例图。要求学生通过分析，更加明确系统功能及对象之间的联系。

3．训练内容——学生管理系统练习

（1）画出学生成绩管理的用例图、学籍变更管理的用例图、奖罚管理的用例图。要求学生通过分析，更加明确系统功能及对象之间的联系。

（2）画出 UML 类图与顺序图。

知识点考核与理解

1．选择题

（1）用例视图的静态方面采用（　　）来表现。

A．用例图　　　　　　B．交互图　　　　　　C．状态图　　　　　　D．活动图

（2）设计视图的静态方面采用（　　）表现。

A．交互图　　　　　　B．类图和对象图　　　C．状态图　　　　　　D．活动图

（3）在下列描述中，哪一个不是建模的基本原则？（　　）

A．要仔细地选择模型

B．每种模型可以在不同的精度级别上表示所要开发的系统

C．模型要与现实相联系

D．对一个重要的系统用一个模型就可以充分描述

（4）UML 体系包括3个部分：UML 基本构造块、（　　）和 UML 公共机制。

A．UML 规则　　　　B．UML 命名　　　　C．UML 模型　　　　D．UML 约束

（5）下面哪一个不是 UML 中的静态视图？（　　）

A．状态图　　　　　　B．用例图　　　　　　C．对象图　　　　　　D．类图

2．填空题

（1）类图应该画在 Rational Rose 的＿＿＿＿＿＿＿＿视图中。

（2）顺序图由类角色、生命线、激活期和＿＿＿＿＿＿＿＿组成。

3．思考题

（1）UML 的定义是什么？它的组成部分有哪些？为什么要使用多种 UML 图？

（2）如何识别参与者？

（3）在例图中有集中关系，如何识别和表示？

（4）类和实例之间有什么类似之处？又有什么差异？

（5）在类图中，多重性表示什么？

（6）状态图在哪些重要方面与类图、对象图或用例有所不同？

（7）或子状态和并发子状态有什么区别？

（8）顺序图和协作图的差别是什么？两种图"在语义上等价"是什么意思？

第二篇 分析与设计篇

项目3 项目市场调研

本项目通过对"图书馆管理系统"的分析，使读者了解软件工程的概念及分析方法，掌握对一个软件项目如何进行需求调研、可行性分析，从而制订初步的软件开发计划。

项目要点：

- 了解软件项目市场调研步骤；
- 掌握如何对一个软件项目进行可行性分析；
- 学会编写可行性分析报告；
- 学会制订系统的开发计划。

任务 3.1 系统的研发背景

3.1.1 图书馆管理系统的提出

众所周知，传统的图书馆管理和服务方式已不能适应读者对日益增长的文献信息的需求，建设图书馆信息网络系统，是图书馆现代化建设的客观要求。建设以计算机为核心的图书馆信息网络，实现图书馆管理和服务的自动化，更好地为读者服务，是图书馆发展的必由之路。目前，国内大部分公共图书馆和高校图书馆都实现了网络管理。

3.1.2 图书馆管理系统研发现状

目前，国内外应用的图书馆管理系统各式各样，按照如下方式进行划分。

1. 开发方式

开发方式分为独立开发、委托开发、合作开发、直接购买现成软件等。

2. 开发方法

开发方法分为生命周期法、原型法、面向对象系统法等。

3. 结构形式

结构形式分为浏览器/服务器（B/S）和客户机/服务器（C/S），以及两者结合的结构形式。

4. 开发平台

开发平台包括 Windows、Netware 等，同时系统所采用的前台开发软件和后台数据库管理系统又各具特色。

5．系统使用的范围

系统使用的范围分为单个部门使用、局域网部门之间联合使用、整个校园（Intranet）使用，以及整个 Internet 使用等。

6．按照系统开发主体面向的对象

按照系统开发主体面向的对象分为通用信息管理系统和针对特定单位的专用信息管理系统。

利用计算机对图书信息进行管理具有人工管理无法比拟的优点，如检索迅速、查找方便、可靠性高、存储量大、成本低等。这些优点都极大地提高了图书管理的效率，也使图书的管理达到科学化、正规化。因此，开发适应新形势需要的图书馆管理系统是很有必要的。

任务 3.2 软件开发计划

在上面的讲述中，我们提出了开发图书馆管理系统的原因。除此之外，在软件开发的整个生命周期中，我们还要制订详细的软件开发计划，这一阶段首先要进行问题定义，然后分析解决该问题的可行性，项目获准后，还要制订完成任务的计划。

要完成这一阶段的任务，就需要详细地进行图书馆管理系统的市场调研，进行深入细致的可行性研究。只有精心研究、细致运作、制订详细的项目战略规划，才能开始项目，才能实现目标。

3.2.1 问题定义

1．问题定义的任务

问题定义阶段在说明软件项目的最基本情况下形成问题定义报告。在此阶段，开发者与用户一起，讨论待开发软件项目的类型、性质、目标、大致规模及负责人等问题，最后用简洁、明确的语言将上述任务写进报告，并且双方对报告签字认可。

2．问题定义的内容

本阶段持续的时间一般很短，形成报告文本也相对简单。以下是图书馆管理系统的问题定义报告的主要内容。

（1）项目名称：图书馆管理系统。

（2）使用单位或部门：学校图书馆。

（3）开发单位：软件开发公司。

（4）用途和目标：使图书信息管理达到科学化、规范化；提高图书馆管理水平及工作效率的类型和规模；新开发各大院校的通用大型软件。

（5）开发的起始和交付时间：一年。

（6）软件项目可能投入的经费：××万元。

（7）使用方和开发单位双方的全称及盖章。

（8）使用方和开发单位双方的负责人签字。

（9）问题定义报告的过程时间。

3.2.2 可行性分析

对于应用系统来说，对超过一定金额的项目必须进行项目可行性分析。只有经过可行性分析的论证，才能开发切实可行的项目。大型管理信息系统的开发通常是一项耗资多、周期长、风险大的工程，在进行项目开发之前进行可行性分析对于规避风险十分重要。

1. 可行性分析的主要内容

管理信息系统的可行性分析涉及多学科的知识，它是寻求使待开发的管理信息系统达到最佳经济效果的综合研究方法。可行性分析的任务可以概括为在做出决策之前对一个拟开发的管理信息系统进行项目开发的必要性、可能性、有效性和合理性的全面论证。可行性分析的内容是通过调查研究，全面分析与管理信息系统项目有关的因素，组合设计出多个可能方案，并对各个方案的经济效果进行分析，最后评选出最优方案，为决策者提供决策依据。可行性分析的作用就在于保证决策者在其所追求的目标中，能够有效地利用现有的人力、物力和财力等资源，达到预期的效果。

可行性分析的内容可概括为环境、技术和经济 3 个方面。环境的研究是可行性分析的前提，技术上的可行是可行性分析的基础，经济上的可行则是可行性分析评价和决策的主要依据。因此，凡是影响到费用和收益的因素，都是可行性分析的内容。例如，对一个管理信息系统开发项目来说，要回答：为什么要开发该项目？资源情况如何？市场条件如何？开发项目规模有多大？技术条件怎么样？需要哪些基础条件？何时实施最佳？投资效果和成功的可能性怎么样？此外，还要考虑国家的有关政策及该项目对社会的影响等。可行性分析的内容十分广泛，涉及社会、政治、经济、法律和多方面的专业技术知识，具有较强的综合性，需要各方面专家分工合作。因此，复杂系统的可行性分析一般都由专门咨询机构承担。下面分别介绍可行性分析 3 个方面的内容。

1）环境可行性分析

大型管理信息系统的开发是一项复杂工程，需要投入大量的人力、物力、财力及时间。开发的新系统在现有条件中是否可行是需要认真考虑的问题。系统能否在现场的环境中顺利地运行并达到预定的目标是衡量方案是否成功的重要标志。

2）技术可行性分析

在开发一个管理信息系统时，应当分析目前有关技术是否支持所开发的新系统及能否实现新系统的目标，并对新系统将要采用的技术是否成熟、能否有效地支持新系统的运行进行分析。

3）经济可行性分析

首先需要考虑的问题是，开发一个管理信息系统带来的经济效益是否会超过其研制和维护所需的费用。判断这个项目是否应该实施应从费用估计、经济效益估计两个方面进行分析。

（1）费用估计。费用估计是对系统开发、运行整个过程的总费用进行估计。一般投资费用包括计算机机房费用、计算机及其外围设备和网络设备的购置费用、系统和程序开发费用、系统调试和安装费用、系统相关人员的培训费用、雇佣人员的人力资源成本、一般消耗品费用、技术服务性费用等。

（2）经济效益估计。若管理信息系统设计合理，除去经营的因素外，在系统投入运行以后就会取得一定的经济效益和社会效益。在可行性分析阶段，系统尚未建成，主要依赖系统分析人员的经验，根据已建成的类似系统所取得的经济效益和社会效益，或间接经济效益，推测出系统方案实施后可能取得的经济效益。经济效益估计可用数字直接表达出来，如节省人力、财力、时间，增加生产，提高生产效率等都可以直接用数字描述。间接经济效益（也称社会效益）难以用数字直接表达出来。

2. 可行性分析的主要步骤

对于不同类型的系统开发项目，可行性分析所涉及的基本问题是大致相同的。按照系统分析的原理，要做好可行性分析，必须按一定的工作步骤进行。

1) 确定目标

在可行性分析中，目标是指在一定的环境和条件下，希望达到的某种结果。项目目标可以分为基本目标和期望目标。基本目标就是必须实现的目标，期望目标则是努力达到的目标。在确定目标的同时，还要提出达到预期目标的考核指标。指标往往不止一个，而是一个指标系统，其中包括技术指标、经济指标、社会指标和环境指标等。目标的确定是可行性分析中的关键问题之一。但目标不是现成的，目标的确定涉及许多因素，是一个复杂的过程。目标定得不恰当，将会直接影响整个可行性分析的质量。

2) 进行系统调查

对现行系统和市场做全面、细致和充分的调查研究分析。

3) 列出可能的技术方案

在系统调查的基础上，列出各种可供选择的技术方案。

4) 技术先进性分析

技术先进性有广泛的含义，既有系统功能的先进性，又有所用计算机设备的先进性，还有标准化等组织技术的先进性等，这些都是必须考虑的。

5) 经济效益分析

对方案经济效益的分析是指按现行财务制度的各种规定和数据、现行价格、税收和利息等来进行的财务收支计算，并用可能发生的资金流量对技术方案的经济收益进行的一种评价。

6) 综合评价

通过对技术方案经济效果的评价，可优选出经济上最好方案。但经济上最好方案不一定是最优方案，必须进行综合评价。所谓综合评价是指在经济评价的基础上，同时考虑其他非经济方面的效果，如政治、社会、环境效果等，对技术方案进行评价。这种评价往往采用多目标决策的方法。

7) 优选可取方案并写出可行性分析报告

通过以上诸项分析和评价，根据项目目标优选最合适方案，并按照总体纲要写出可行性分析报告。

3. 可行性分析的评价原则

1) 效益性原则

效益就是收益减去费用后的余额。贯穿经济评价过程始终的一项基本活动是通过收益与费用对比来分析经济效益。要求以尽可能少的费用，取得尽可能多的有用成果。体现效益性原则的经济评价方法主要有净现值法等。

2) 经济性原则

在一定的效益条件下，费用小的替代方案其价值就高。当事先给定的收益目标达到时，应从可以达到目标的替代方案中选取费用最小的方案。体现经济性原则的评价方法主要有最小费用法、投资回收期法等。

3) 可靠性原则

可行性分析的对象，绝大部分是拟将采用的可行方案，可行性分析的基础数据大都来自预测和估算，具有不确定性，这会带来实际技术经济效果的变动，使可行方案具有较大的潜在风险。提高经济效果评价的可靠性和经营决策的科学性，需要对经过初步评价的可行方案做不确定性分析，这对投资较大的、寿命较长的大系统来说尤为重要。提高技术经济评价可靠性的不确定性分析有盈亏平衡分析法和灵敏度分析法等方法。

4）可比性原则

可行性分析的实质，就是对实现某一预定目标的多个方案进行比较，从中选出最优方案。而要比较就必须建立共同的比较基础和条件，具体如下。

（1）满足需要可比。任何一个可行方案都要满足一定的要求。当对能满足相同需要、具有替代性的不同可行方案进行比较时，要求不同方案的评价指标具有可比性。

（2）耗费用可比。为了正确进行经济效果比较，必须按照前述的费用概念，对所有替代方案均不仅计量其货币费用、实际费用、内部费用和一次投资费用，而且要考察它们的非货币费用、机会费用、外部费用和日常经营费用。同时，在计算消耗费用时，必须用统一的费用种类、计算原则和方法。

（3）价格可比。在可行性分析评价中，对不同可行方案应采用相同的价格标准。如果实际价格与价值相差较大时，应对实际价格进行修正。

（4）时间可比。首先，不同可行方案必须采用相同的计算期作为比较基础。另外，必须考虑各方案费用发生和收益的时间先后和期限。对于不具备时间因素可比的方案，可通过适当的方式折算成同一时间因素的量再进行比较。不论采用哪种评价方法，都应当符合以上各种可比性的要求。

3.2.3　可行性分析报告

可行性分析报告是可行性分析的最后成果，该报告必须用书面形式来体现，并作为论证和进一步开发的依据。本节介绍可行性分析报告的一般格式，再以高校图书馆管理系统的可行性分析报告为实例来展开分析。

1. 可行性分析报告的一般格式

可行性分析报告通常包括封面和内容两个部分，封面的格式如下所示：

文档编号：

版　本　号：

文档名称：＿＿＿＿＿＿＿＿＿＿＿＿＿＿＿＿＿＿＿

项目名称：＿＿＿＿＿＿＿＿＿＿＿＿＿＿＿＿＿＿＿

项目负责人：＿＿＿＿＿＿＿＿＿＿＿＿＿＿＿＿＿

编写：＿＿＿＿＿＿＿＿＿＿＿＿＿＿＿＿　　年　　　月　　　日

校对：＿＿＿＿＿＿＿＿＿＿＿＿＿＿＿＿　　年　　　月　　　日

审核：＿＿＿＿＿＿＿＿＿＿＿＿＿＿＿＿　　年　　　月　　　日

批准：＿＿＿＿＿＿＿＿＿＿＿＿＿＿＿＿　　年　　　月　　　日

开发单位：＿＿＿＿＿＿＿＿＿＿＿＿＿＿＿＿＿＿＿＿＿

可行性报告内容如下。

1）引言

（1）编写目的。阐明编写本可行性分析报告的目的，指出读者对象。

（2）项目背景。应包括：

① 所建议开发软件的名称；

② 本项目的任务、开发者、用户及实现软件的单位；

③ 本项目与其他软件或其他系统的关系。

（3）定义。列出有关资料的作者、标题、编号、发表日期、出版单位或资料来源，可包括：

① 本项目经核准的计划任务书、合同或上级机关的批文；

② 与本项目有关的已发表的资料；

③ 本项目中所引用的资料、所采用的软件标准或规范。

2）可行性研究的前提

（1）要求列出并说明建议开发软件的基本要求。可包括：

① 功能；

② 性能；

③ 输出；

④ 输入；

⑤ 基本的数据流程和处理流程；

⑥ 安全与保密要求；

⑦ 与本软件相关的其他系统；

⑧ 完成期限。

（2）目标。可包括：

① 人力与设备费用的节省；

② 处理速度的提高；

③ 控制精度或生产能力的提高；

④ 管理信息服务的改进；

⑤ 决策系统的改进；

⑥ 人员工作效率的提高等。

（3）条件、假定和限制。可包括：

① 建议开发软件运行的最短寿命；

② 进行系统方案选择比较的期限；

③ 经济来源和使用限制；

④ 硬件、软件、运行环境和开发环境的条件和限制；

⑤ 可利用的信息和资源；

⑥ 建议开发软件投入使用的最迟时间。

（4）可行性研究方法。

（5）决定可行性的主要因素。

3）对现有系统的分析

（1）处理流程和数据流程。

（2）工作负荷。

（3）费用支出，如人力、设备、空间、支持性服务及材料等项开支。

（4）人员。列出所需人员的专业技术类别和数量。

（5）设备。

（6）局限性。说明现有系统存在的问题，以及为什么需要开发新的系统。

4）建议技术可行性研究

（1）对系统的简要描述。

（2）处理流程和数据流程。

（3）与现有系统比较的优越性。

（4）未用建议系统可能带来的影响。包括：

① 对设备的影响；

② 对现有软件的影响；

③ 对用户的影响；

④ 对系统运行的影响；

⑤ 对开发环境的影响；

⑥ 对运行环境的影响；

⑦ 对经费支出的影响。

（5）技术可行性评价。包括：

① 在限制条件下，能否达到功能目标；

② 利用现有技术功能，能否达到目标；

③ 对开发人员数量和质量的要求，并说明能否满足要求；

④ 在规定的期限内，能否完成开发。

5）建议系统经济可行性研究

（1）支出。包括：

① 基建投资；

② 其他一次性支出；

③ 经常性支出。

（2）效益。包括：

① 一次性收益；

② 经常性收益；

③ 不可定量收益。

（3）收益/投资比。

（4）投资回收周期。

（5）敏感性分析。

6）社会因素可行性研究

（1）法律因素。例如，合同责任、侵犯专利权、侵犯版权等问题的分析。

（2）用户使用可行性。例如，用户单位的行政管理、工作制度、人员素质等能否满足要求。

7）其他可供选择的方案

8）结论和意见

2．可行性分析报告案例

大部分在校学生对实际的企业管理过程并不十分清楚，而对于与学习息息相关的图书馆的运作管理都有一定的了解，因此选择图书馆管理系统的可行性分析作为案例以期对该部分内容的学习有所帮助。案例中使用的分析问题的思路和撰写报告的格式对于建设企业管理信息系统也具有指导意义。

以下可行性报告是按照前文介绍的可行性分析报告规范格式编写的。

文档编号：1

版 本 号：1.1

文档名称：××图书馆管理系统可行性分析报告

项目名称：××图书馆管理系统

项目负责人：×××

编写：×××_____	2018 年 3 月 10 日
校对：×××_____	2018 年 4 月 10 日
审核：×××_____	2018 年 5 月 12 日
批准：×××_____	2018 年 5 月 18 日

开发单位：×××××××××

1）引言

（1）编写目的。

对图书馆管理系统进行可行性分析。

（2）项目背景。

① ××图书馆管理系统。

② 本项目的任务提出者：×××。

开发者：×××、×××、×××。

软件开发单位：××××××××××。

③ 本项目与其他软件或其他系统的关系：工作于 Windows 的所有系统。

（3）参考资料。

××××××

（4）系统简介。

进入信息时代后，人们对图书馆的运作实现信息化管理的要求越来越迫切。图书馆如果仍然使用人工管理的手段，工作环境难以提高，同时也浪费了大量的人力资源。图书馆领导希望通过该信息系统的建设实现对图书馆的信息化管理，达到提高效率、节省人力资源、方便读者的目的。该系统一方面要能实现读者的自助服务功能，如网络查询、网络预约、网络续借等；另一方面要能实现图书管理员处理工作的自动化，如借书、还书、预约、续借、罚款处理等；另外还要实现系统管理员对整个系统资源的信息化管理，如用户管理、书面管理、图书管理等。

（5）技术要求及限定条件。

① 记录图书的借阅状态和预约状态。

② 记录读者的借阅状态，如是否借满、是否超期等。

③ 控制读者记录的增/删条件，如读者离校时必须无欠书和欠款，否则无法删除读者记录。

④ 控制图书和书目的关系，如淘汰某种图书时，必须完全删除对应册数的图书记录方可删除相应的书目记录。

2）可行性研究的前提

（1）要求。

① 功能：实现图书管理的基本功能，详细记录图书被借阅和预约的状态、读者借阅和预约的状态。

② 性能：能够完成图书馆日常管理的基本处理，方便读者和图书管理员进行操作使用。

③ 输出：图书信息、书目信息、读者信息。

④ 输入：读者相关信息、图书相关信息、书目相关信息。

⑤ 基本的数据流程和处理流程（略）。

⑥ 安全与保密要求：运行于校园网，读者使用的功能可通过 Internet 访问。

⑦ 与本软件相关的其他系统：无。

⑧ 完成期限：3 个月。

（2）目标。

① 节省人力与设备费用。

② 提高工作效率。

（3）条件、假定和限制。

① 建议开发软件运行的最短寿命：5 年。

② 进行系统方案选择比较的期限：2 周。

③ 经费来源和使用限制：经费由上级拨款，无限制。

④ 法律和政策方面的限制：不违反国家法律和学校相关规定。

⑤ 硬件、软件、运行环境的条件和限制：客户端运行于基于 Windows 平台的 PC，服务器端运行于 Windows Server 平台的服务器。

⑥ 可利用的信息和资源（略）。

⑦ 建议开发软件投入使用的最迟时间：开发后 3 个月。

（4）可行性研究方法。对图书馆的运行管理进行调查。

（5）决定可行性的主要因素。技术可行性、经济可行性和法律可行性。

3）对现有系统的分析

（1）处理流程和数据流程。

① 现行系统：手工方式处理。

② 分析：读者借阅等待时间长，信息查询困难，数据分析汇总困难。

（2）费用支出：项目专项费用。

（3）人员：由 3～5 人组成开发小组，开发小组能够运用数据库技术和网络编程技术完成系统开发。

（4）设备：用于开发测试的计算机及局域网环境。

（5）开发新系统的必要性：提高管理效率，节省大量人力和财力，适应图书馆未来的发展。

4）建议技术可行性研究

（1）对系统的简要描述。该系统为图书馆的日常管理服务，安装、使用简便，具有良好的安全性和兼容性。

（2）处理流程和数据流程。用户（读者、图书管理员、系统管理员）使用本系统时需要进行身份验证，图书管理、读者管理实现计算机管理。

（3）与现有系统比较的优越性。更便捷、更安全、更有效。

（4）未采用建议系统可能带来的影响。对现有设备和人员无影响。

（5）技术可行性评价。

① 在限制条件下，能否达到功能目标：验证是否给出正确的信息或提示。

② 利用现有技术能否达到功能目标：能。

③ 开发人员数量和质量的要求，并说明能否满足要求：能满足，3～5 人的开发小组熟练掌握系统分析技术、数据库技术和网络编程技术。

④ 在规定的期限内，开发能否完成：能。

5）建议系统经济可行性研究

（1）支出。开发该系统需要支出的费用包括基建投资、其他一次性支出，共约 5 万元。采用任务分解法估算该系统的开发共需 4 人 2 个月完成，每人月成本为 2500 元，估计系统的人工费用为 2500 元×4×2＝2 万元，开发成本共为 5 万元＋2 万元＝7 万元。

（2）收益。可以列表计算系统的投资回收期和开发纯收入，系统的投资收益表如表 3-1 所示，其中 i 值为 3.36%。将来的收入主要体现在每年可节省的人力、耗材等，每年收入为 2.5 万元。估计软件使用寿命为 5 年。

表 3-1　系统投资收益表

购买设备软件费			5 万元	
人工费			2 万元	
开发成本费（购买设备软件费＋人工费）			5 万元＋2 万元	
每年收入			2.5 万元	
年	收入（元）	$(1+i)^n$	现值（元）	累计现值（元）
1	25000	1.0336	24187.31	24187.31
2	25000	1.0683	23401.67	47588.97
3	25000	1.1042	22640.83	70229.80
4	25000	1.1413	21904.85	92134.64
5	25000	1.1797	21191.83	113326.47
纯收入			43326.47 元	

综合以上条件，经过成本/收益计算后的纯收入为 43326.47 元。

6）社会因素可行性研究

（1）法律因素：符合法律规定没有触犯合同中双方所签署的条款。

（2）用户使用可行性：会使用计算机和对网络的安全性有一定了解的人员均可使用。

7）结论和意见

方案可行。

经过初步的系统调查，给出了可行性分析报告，并经过主管领导的批准，还必须对现行系统进行全面、深入的详细调查和分析，找出要解决的问题实质，确保新系统的有效性。

3.2.4　系统的开发计划

1. 开发计划主要任务

经过分析，我们项目的开发是可行的，接下来的工作就是制订软件的开发计划。软件的开发计划也称项目实施计划，是一个综合的计划，是软件开发工作的指导性文档，阅读对象是软件开发的主管部门、软件技术人员和用户。它的内容主要包括以下几个方面。

1）项目资源计划

软件开发的资源主要指支持软件开发的硬件、软件工具及人力资源。人力是软件开始的最重要资源，在安排开发活动时必须考虑人员的情况，如技术水平、数量和专业配置，以及在开发过程中各个阶段对各种人员的需要。通常，项目的管理人员主要负责项目的决策，高级技术人员还要负责项目的设计方面的把关。初级技术人员的前期工作不多，具体编码和调试阶段的大量工作主要由初级技术人员完成。

硬件资源主要指运行系统所需要的硬件支持，包括开发阶段使用的计算机和有关外部设备，系统运行所需的计算机和其他设备。

软件资源则分为支持软件和实用软件两类。

（1）支持软件：最基本的是操作系统、编译程序和数据库管理系统。因为这是开发人员开发系统所必需的工具。

（2）实用软件：为促成软件的重复利用，可将一些实用的软件结合到新的开发系统中，建立可复用的软件部件库，以提高软件的生产率和软件的质量。

2）成本预算

成本预算就是要估计总的开发成本，并将总的开发费用合理地分配到开发的各个阶段中。

3）进度安排

进度安排确定最终的软件交付日期，并在限定的日期内安排和分配工作量。

2. 项目开发计划编写提示

编写项目开发计划的目的是以文件的形式，把在开发过程中对各项工作的负责人员、开发进度、所需经费预算、所需软件、硬件条件等做出的安排记载下来，以便根据计划开展和检查本项目的开发工作。图书馆管理系统的开发计划编写如下。

1）引言

（1）编写目的：说明编写这份项目开发计划的目的。

（2）背景：说明待开发软件系统的名称，本项目的任务提出者、开发者、用户及实现该软件的计算中心。

（3）参考资料：列出所需要的参考资料，如果为商业项目，还要列出合同、上级批准文件；本项目中引用的文件、资料，包括软件开发用到的软件开发标准；列出这些资料的标题、文件编号、发表日期和出版单位等。

2）项目概述

（1）工作内容：简要说明在本项目开发中需要进行的各项主要工作。

（2）主要参加人员：说明参加本项目开发的主要人员情况。

（3）程序：列出交给用户的程序的名称、所用的编程语言及存储程序的媒介，并通过引用有关文件，逐渐说明其功能和能力。

（4）文件：列出须移交给用户的每种文件的名称及内容要点。

（5）服务：列出须向用户提供的各项服务，如培训、安装、维护和运行支持等。

（6）验收标准：对于上述应交出的产品和服务，逐项说明或引用资料说明验收标准。

（7）完成项目的最后期限：交付使用的时间。

3）实施计划

（1）工作任务的分解与人员分工：对于项目开发中须完成的各项工作，从需求分析、设计、实现、测试直接到维护，指明每项任务的人员及其职责。

（2）进度：对于需求分析、设计、编码实现、测试、移交、培训和安装等工作，给出每项工作的预定开始日期、完成日期及所需资源，规定各项工作完成的先后顺序及象征每项工作完成的标志性事件。

（3）预算：逐项列出本项目所需要的劳务及经费的预算和来源。

（4）关键问题：逐项列出能够影响整个项目成败的关键问题、技术难点和风险，指出这些问题对项目的影响。

项 目 小 结

项目3从图书馆管理系统研发的背景出发，介绍了软件开发的计划及软件开发的可行性分析，然后针对图书馆管理系统的开发提出了可行性分析内容，包括可行性分析的主要任务、基本的步骤，以及如何编写可行性分析报告，最后介绍了开发计划的主要任务和计划的制订。

拓 展 训 练

1. 训练目的

（1）培养学生对所要开发项目进行调查研究的能力。

（2）了解软件工程在软件开发过程中的指导作用。

2. 训练要求

（1）深入所在学校的学生管理部门，了解学校管理人员对学生管理的信息需求。

（2）实训后写出可行性分析报告。

3. 训练项目——学生管理系统练习

（1）到学校的学生管理部门了解所在学校学生管理的现状，建议采用软件进行管理，提出帮助开发的意向。

（2）进行可行性研究，写出可行性报告。

（3）制订软件开发的计划书。

知识点考核与理解

1. 选择题

（1）可行性研究主要包括经济可行性、技术可行性、法律可行性和（   ）等 6 个方面。（多选）

    A．运行可行性　　　　B．条件可行性　　　　C．环境可行性　　　　D．维护可行性

（2）编写项目开发计划的目的是以（   ），把在开发过程中对各项工作负责人员、开发进度、所需经费预算、所需软件、硬件条件做出的安排记载下来。

    A．文件形式　　　　B．文档形式　　　　C．电子档案形式　　　　D．条文形式

2. 填空题

（1）可行性研究的任务不是具体解决系统中的问题，而是确定问题是否_____、是否_____。

（2）_____，是一个综合的计划，是软件开发工作的指导性文档，阅读对象是软件开发的主管部门、软件技术人员和普通用户。

3. 思考题

（1）可行性研究的主要任务有哪些？

（2）制订项目开发计划的主要任务是什么？

（3）简述可行性分析的一般步骤和评价原则。

项目 4 软件项目需求分析

管理信息系统作为复杂的人机交互系统涵盖了大量的信息，要求开发者能够正确处理和分析相关的信息，在系统建设初期明确系统需求，并用模型清晰完整地描述系统需求。

项目 4 将介绍两种基本的分析方法——结构化分析方法和面向对象分析方法，以及它们用来描述系统需求的模型工具。同时，还提供课程管理系统和图书馆管理系统两个实例，分别对应两种分析方法和建模过程。

项目要点：

- 掌握软件项目需求调查的方法及调查内容；
- 掌握利用结构化的分析方法来描述需求模型；
- 掌握利用面向对象的分析方法来描述需求模型。

任务 4.1　调查系统的需求

调查是系统分析的一个重要组成部分，它包括明确功能需求和技术需求、访问系统相关者、建立原型并对调查结果和原型进行结构化遍历及业务流程重组等几个部分。

4.1.1　功能需求和技术需求

系统需求通常可以分为两类：功能需求和技术需求。功能需求是系统必须完成的活动，也就是系统将要投入的业务应用。功能需求直接来自系统规划阶段确定的系统功能。例如，对于一个工资系统来说，需要实现的业务应该包括这样一些功能：计算奖金数量、计算税金、打印工资报表、维护雇员的相关信息等。一般来说，在实际开发中，确定和描述所有相关的业务应用都需要花费大量的时间和精力。

技术需求是指与企业的环境、硬件和软件有关的所有可操作目标。例如，系统必须在 Windows Server 2012 或以上版本的客户机/服务器环境下运行；系统的屏幕响应时间必须少于 0.5s；系统必须能够同时支持 100 个终端等。这些技术需要通常被描述成是系统必须达到的具体目标。

对于新系统的完整定义，这两种类型的系统需求都是必不可少的，也都要包含在系统需求调查中。功能需求通常记载在已建立的分析模型中，而技术需求则通常记载在技术需求的叙述性描述中。

4.1.2　系统相关者

系统功能需求信息的主要来源是新系统的各种系统相关者。通常，系统相关者可以分为以下 4 类。

（1）用户：实际使用系统处理日常事务的人。

（2）客户：购买和拥有系统的人。

（3）技术人员：确保系统运行在公司的计算机环境下的人。

（4）外部实体：例如公司的顾客。

1. 用户

用户角色，也就是系统用户的类型，从两个方向进行定义：水平方向和垂直方向。在水平方向上指系统分析员必须在业务部门中寻找信息流。例如，一个新的库存系统也许将要影响进货部门、仓库、销售部门和生产部门。系统分析员必须确保访问这些部门的相关人员以了解他们的需求。在垂直方向上，需要职员、中层管理人员及高层管理人员提供信息需求。这些系统相关者中的每一个都将对系统有不同的信息需求，因此系统分析员在设计时必须把这些信息需求包括在内。

2. 客户

尽管项目小组必须满足用户的信息处理需求，但也有责任满足客户的需求。在许多情况下，客户和主管用户是同一组人，然而，客户也可能是单独的一组人，例如客户可能是某公司的理事会或董事会。我们把客户包括在重要的系统相关者列表中，这是因为项目小组必须在项目的整个开发过程中始终向客户提供项目进展的概要情况。客户负责批准或否决资金的使用。

3. 技术人员

技术人员一般来说不能算作真正的用户群，但他们是许多技术需求的来源。技术人员包括建立和维护企业计算机环境的人。这些人在编程语言、计算机平台和其他设备等方面对项目提供帮助。对某些项目来说，项目小组始终包括一组技术人员；而对另外一些项目来说，只在需要时才把技术人员包括在内。

一般来说，在系统调查初期，系统分析员主要与以上 3 类系统相关者交流以获取必要的系统需求。

4.1.3 建立系统需求原型

传统的系统需求开发过程可分为以下 4 个步骤。

（1）确定现有系统的物理过程和活动。

（2）从现有物理过程中提取出业务逻辑功能。

（3）为将在新系统中使用的方法开发出业务逻辑功能。

（4）定义新系统的物理处理需求。

这种结构化方法为系统需求分析提供了严格的顺序，但它的缺点也很明显，最主要的缺点是需要花费大量的时间。在当今这样一个竞争激烈的社会，许多企业正在使用新的信息技术来增加其自身的竞争优势，因此，快速地建立系统需求原型是一个实用的方法。原型是一个强有力的工具，它被广泛地应用在项目开发中。在分析阶段，原型用来测试系统的可行性和帮助定义过程需求，这些原型可以是简单的屏幕显示或报表程序；在设计阶段，分析人员建立原型来测试各种设计和界面方法；甚至在实施阶段，也可以通过建立原型来测试各种编程技术的效果和效率。

任务 4.2 模 型

在系统分析阶段，系统分析员使用一组模型来充分描述管理信息系统的需求。一般来说，一个模型代表了当前系统的某些方面，不同类型的模型在不同层次上表现系统。任务 4.2 介绍模型的相关知识。

4.2.1　模型的作用及类型

1．模型的作用

在系统分析阶段进行系统建模主要具有以下作用。

（1）有助于提取系统需求信息。由于系统本身的复杂性，使用模型可以在不同细节层次上描述系统。

（2）有助于系统分析员整理思路。建立模型的过程能帮助系统分析员理清思路和改良设计，建模过程本身对系统分析员有直接的帮助。

（3）有助于系统的分析和集成。管理信息系统往往是复杂的，在系统分析阶段对系统需求建模有助于问题的简化，并能够使系统分析员的精力一次只集中在系统的几个方面上。

（4）有助于记忆和把握相关细节。系统分析需要收集和处理数量庞大的信息，规范通用的模型可成为有效的帮助记忆的工具。

（5）有助于系统开发小组及小组成员之间进行交流。通用规范的模型是项目小组成员之间进行交流和协作的有效工具。

（6）为未来的维护和升级提供文档参考。系统分析员建立的需求模型可以作为以后的开发小组在维护和升级系统时的文档，使以后的开发者能够继续使用。

2．模型的类型

系统分析员在进行系统建模时，要根据所要表达信息的特征来使用不同类型的模型。通常情况下，可以把模型分为3种类型：数学模型、描述模型和图形模型。

（1）数学模型。数学模型是描述系统技术方面的一系列公式。例如，用函数计算查询所需要的响应时间，这些模型就是技术需求的例子。在管理信息系统的需求分析中，有时使用数学公式可以非常清晰而简洁地描述用户的需求。例如，在工资管理系统中奖金的核算、加班费的核算等，都可以用简单的公式来建模。

（2）描述模型。对于不能够使用数学模型精确定义的需求，系统分析员可以使用描述模型。这些描述模型可以是调查备忘录、处理过程，以及报表或列表。结构化英语或伪代码是另一种形式的描述模型，程序员在熟悉了建模算法所使用的结构化英语或伪代码后可以进行实际的程序编制。

（3）图形模型。图形模型是图表和系统某些方面的示意性表示。图形模型可能是系统分析员所建立的最有用的模型，有助于人们理解难以用语言来描述的复杂关系。在系统分析中，一个清晰的图形能更准确地描述系统的某些需求。系统分析阶段往往用一些关键的图形模型来表示系统中比较抽象的部分，因为系统分析阶段的重点集中在系统需求的高度抽象的问题上，而不去关心具体的实现细节。更具体的界面设计和报表格式模型是在系统设计阶段完成的。图形模型使用标准化的符号来表示相关信息，这有利于人们使用模型进行有效的交流。在学习系统建模时，熟悉并掌握建立图形模型所需要的符号是非常重要的。

4.2.2　逻辑模型和物理模型

1．逻辑模型

在系统分析阶段所建立的模型详细定义了系统需求，但并没有局限于某一具体技术，这些模型通常被称为"逻辑模型"。系统分析员可以创建很多种类的逻辑模型来定义系统需求。下面列出经常使用的一些逻辑模型。

（1）事件列表。

（2）数据流图。

（3）实体联系图。

（4）数据流定义。

（5）数据元素定义。

（6）过程描述/结构化语言。

（7）类图。

（8）用例图。

（9）顺序图。

（10）协作图。

（11）状态图。

2．物理模型

在系统设计阶段也会建立许多模型，显示如何使用具体技术来实现系统的某些方面，这些模型被称为"物理模型"。物理模型中有一些是分析阶段所建立的需求模型的扩展，有一些直接来自需求模型。有些模型既在系统分析阶段使用，也在系统设计阶段使用，例如面向对象建模中的类图。下面列出经常使用的一些物理模型。

（1）界面设计。

（2）报表设计。

（3）系统流程图。

（4）结构图。

（5）数据库设计。

（6）网络图。

（7）分布图。

任务 4.3 事 件

在介绍了模型的基本概念之后，下面介绍管理信息系统功能需求建模的细节。所有的系统开发方法，不论是结构化方法还是面向对象方法，都是基于事件进行建模的。任务 4.3 介绍与事件相关的知识。

4.3.1 事件的概念和类型

对于管理信息系统来说，事件是指与系统行为相关的，可以描述、值得记录的某一特定时间和地点发生的事情。管理信息系统作为复杂的人机交互系统，它的所有处理过程都是由事件驱动或触发的，因此在定义系统需求时把所有事件罗列出来加以分析。所有的系统开发方法都是从定义事件开始建模过程的。

系统分析中需要考虑的事件有 3 种类型：外部事件、临时事件和状态事件。系统分析员开始工作时要尽可能多地识别和列出这些事件，同时在与系统相关人员的交流中不断细化这些事件列表。

1．外部事件

外部事件是指在系统之外发生的事件，通常都是由外部实体或动作参与者触发的。外部实体或动作参与者可以是一个人或组织单位，它为系统提供数据或从系统获取数据。为了识别关键的外部事件，系统分析员首先要确定所有可能需要从系统获取信息的外部实体。在图书馆管理系统中，读者就是一个典型的外部实体的例子，读者借阅图书是一个非常重要的事件。与读者相关的还有其他事件。例如，有时，一位读者想退订已预约的图书，或者一位读者需要按超期时间支付罚款。诸如此类的外部事件正是分析员所要寻找的那一类，因为分析员要定义系统需要完成哪些功能。这些外部事件会产生一些系统必须处理的重要事务。

描述外部事件时，必须为事件命名，这样能更清晰地定义外部实体。同时，在描述中还应该包括外部实体需要进行的处理工作。因此，事件"读者借书"描述了一个外部实体，这里是读者及这位读者想做的事情，即借阅图书，这一事件直接影响着系统。

重要的外部事件还可能来自图书馆内部的人或组织单位的需求，例如，采编室需要完成一定的信息处理功能。在图书馆管理系统中，一个典型的事件可能是"采编室增加或删除书目信息"。作为一个图书馆管理系统，需要通过计算机完成图书馆的日常管理工作，因此系统需要能够完成这样的功能。

2．临时事件

临时事件是指在达到系统设定的某一时刻所发生的事件。许多管理信息系统在事先定义的时间间隔产生一些输出结果，例如，银行系统在设定的利息结算日对账户资金进行利息结算就是由临时事件触发的。和外部事件不同，临时事件是系统自动执行的，不需要外部实体或动作参与者的触发。

3．状态事件

状态事件是指当系统内部发生了需要处理的情况所引发的事件。例如，产品的销售导致了库存记录的变化，当库存降到了库存的订货点时，就需要重新订货。该状态事件可以被命名为"到达订货点"。通常，状态事件作为外部事件的结果而发生。有时，状态事件和临时事件相似，唯一不同的是，状态事件无法定义事件发生的时刻。

4.3.2 定义事件

定义影响系统的事件并不容易，系统分析员可以使用一些方法来辅助定义事件。

1．区分事件和触发事件的条件及系统响应

有时，很难区分事件和一系列导致该事件发生的条件。以一位读者从图书馆借书的过程为例，从该读者自身的角度来看，这个过程可能包括了一系列事件：第一个事件可能是读者想要借某一科目相关的书籍，接着读者可能在阅览室查看了部分相关的书籍，然后他在书库中继续查阅相关的书籍，最后他选定了某一本书并把它拿到流通台前准备借出。作为系统分析员，在了解了这一连串事件后，需要确定哪些事件对系统有直接影响，而哪些事件在系统建模过程中可以忽略。在上面的实例中，读者把想要借出的书拿到流通台前准备办理借书手续时才开始真正对系统施加影响。

此外，在一些情况下，很难区分外部事件和系统响应。例如，当读者准备借书时，系统需要读者提供借书卡，于是读者把借书卡交给图书管理员。在这里，读者提供借书卡的行为可以看作一个事件吗？在本例中，这不算一个事件。因为它只是在处理原始系统事件时发生的一部分交互行为。

2．跟踪事务处理的生命周期

在定义事件时，跟踪针对某一外部实体或参与者而发生的一系列事件通常很有用。在图书馆管理系统的例子中，系统分析员要考虑由于增加一位新读者所引发的所有可能的处理。首先，读者要具有使用图书馆资源的权限，这一事件导致数据库中增加了包含读者信息的记录；然后，读者也许想要借阅图书，也许想要预约图书，或者取消预约；最后，读者也许想要查询某书的

相关信息等。研究这样的过程有助于定义事件。

3．暂不考虑技术依赖事件和系统控制

有些内容对系统很重要，但不直接影响用户和事务处理，这样的事件一般称为技术依赖事件和系统控制。在系统分析阶段，系统分析员可以把这些事件暂时搁置，只需要把精力集中于功能需求，即系统需要完成的工作上。逻辑模型不需要指明如何去实现系统，因此在模型中应该省略实现的细节。在系统设计阶段，这些事件是非常重要的。这样的事件包括登录系统、安全控制及数据库备份等。随着项目的进展，在设计阶段，项目小组将把这些控制加进来。

4.3.3　图书馆管理系统中的事件

下面以图书馆管理系统的运作为例来分析它所涉及的事件，以下列出的是所涉及的一些外部事件。

（1）任何系统使用者进行书目查询。

（2）读者对个人账户信息进行查询及更改。

（3）读者预约/退订图书。

（4）图书管理员办理借/还书手续。

（5）图书管理员办理逾期罚款手续。

（6）图书管理员办理丢失赔偿手续。

（7）采编人员管理书目信息。

此外，图书馆管理系统还涉及下列临时事件。

（1）发送图书到期的催还通知。

（2）发送预约图书到架的通知。

（3）按月生成图书借阅排行榜。

随着对系统功能分析的细化，以上所列事件将被进一步完善，甚至还有更多的事件加入进来。

在进行初步的系统分析时，可以设计一个事件列表，把分析过程中所确定的每一个事件及其相关信息填入列表中，列表中还应当包括事件、触发器、来源、动作、响应及目的地等相关细节。其中，触发器是指通知系统某事件发生的事物；来源是指为系统提供数据的外部实体或参与者；动作是指某事件发生时系统执行的操作；响应是指系统产生的输出结果，该结果被送往某个目的地；目的地是指接收系统输出数据的外部实体或参与者。

图书馆管理系统的事件表如表 4-1 所示。

表 4-1　图书馆管理系统的事件表

事　件	触　发　器	来　源	动　作	响　应	目　的　地
使用者查询书目信息	书目查询	查询者	查询所需书目	查询结果	查询者
读者预约	预约图书请求	读者	预约所需图书	预约图书的结果	读者
退订图书	退订图书请求	读者	退订所需图书	退订图书的结果	读者
管理员办理借书手续	需要办理借的图书	读者	办理借手续	完成借手续	读者
管理员办理还书手续	需要办理还的图书	读者	办理还手续	完成还手续	读者
管理员办理逾期罚款手续	逾期已借图书	借书记录	办理罚款手续	逾期罚款单	读者
管理员办理丢失赔偿手续	丢失已借图书	借书记录	办理赔偿手续	丢失赔偿单	读者

续表

事　件	触　发　器	来　源	动　作	响　应	目　的　地
采编人员管理书目信息	新到图书	图书采购室	进行编目处理	生成新书信息	书库
发送图书到期催还通知	借出图书到期时间	借书记录	发送催还通知	生成催还通知	读者
发送预约图书到架通知	预约图书已到馆	预约记录	发送到架通知	生成到架通知	读者
按月生成图书借阅排行榜	月末	借书记录	统计借阅次数	生成借阅排行榜	信息发布

任务 4.4　事　　物

定义系统需求用到的另一个关键概念是事物。结构化方法和面向对象方法对事物的描述并不相同，但不论使用哪种方法，识别和理解相关的事物都是关键的初始步骤。

4.4.1　事物的概念和类型

对于图书馆管理信息系统来说，使用者在工作中需要接触到的图书、借书证、报表及读者等都可以看作事物，这些事物也必须是系统的一部分。

在结构化分析方法中，这些事物构成了系统存储信息的相关数据。对于任何一个管理信息系统来说，需要存储的数据类型肯定是信息系统需求的一个关键方面。在面向对象方法中，这些事物就是在系统中相互交互的对象。

和定义事件一样，系统分析员应该和用户讨论他们日常工作中处理的事物类型。实实在在的事物通常很明显。在图书馆管理系统的实例中，馆藏的每本图书都是重要的实实在在的事物。在管理信息系统中，另一类常见的事物类型是人所充当的角色，如读者、图书管理员及系统管理员等。如图 4-1 所示为一些常见的事物类型。

图 4-1　一些常见的事物类型

其他类型的事物可以包括职能部门，如图书馆的采编室、流通部等。另外，地点或位置在某些特定的信息系统中也是十分重要的。此外，有关读者预约图书、读者推荐图书等的交互行为也可以看成一件事物，这一点尤其需要初学者认真理解。在图书馆管理系统的实例中，一次信息查询、一次预约图书和一次取消预约都是重要的事件。有时，这些事件被认为是事物之间的关系。例如，图书预约是读者和某本图书之间的关系。

系统分析员通过考察事件列表中的事件和咨询用户来确定这些事物的类型。例如，对于某个事件来说，它影响了哪些事物？因为系统需要知道这些事物并存储其信息。当读者预约图书时，系统需要存储该读者的信息、预约图书的信息，以及预约信息本身的内容，如执行预约的读者和预约的日期。

　　事物不是孤立存在的，事物之间是通过各种关系联系起来的。事物之间的很多关系对系统非常重要。例如，读者预约某本图书，这时读者和所预约的图书之间就具有一定的关系。作为图书馆管理系统，它需要存储读者和图书的信息。但同样重要的是，系统也需要存储某些关系的信息，例如，某位读者预约了某本图书，那么存储预约信息就显得非常必要了。

　　事物之间的联系可以用关联数目（也称为关系的基数）来表示。关系的基数可以是一对一、一对多。另外，基数是针对关系的每个方面提出的。例如，一位读者可能借阅多本图书，但是一本图书在同一时间只能被一位读者借阅，这时，读者和可借图书之间存在一对多的关系，而某本图书和读者之间则是一对一的关系。在面向对象的方法中，使用术语重数来表示关联的数目。在表示事物之间关系的时候，基数和重数具有相同的含义。如图 4-2 所示为图书馆管理系统中读者和图书及图书和书目之间的基数/重数的例子。

图 4-2　关系的基数/重数

　　基数的取值范围，即基数的最小值和最大值，有时比基数本身更为重要。例如，某位读者可能从来没有借过书，在这种情况下，关联数为 0；如果该读者借过一本书，此时存在一个关联；最后读者可能借 3 本甚至更多。因此，读者借书这个关系具有 0、1 或更多的范围，通常记为“0”或“更多”。“0”是基数的最小值，“更多”是基数的最大值，这个被称为“基数的限制”。在某些情况下，基数的最小值必须为 1。例如，每一条书目下至少有一本图书，否则该书目信息将成为无用信息。实际情况是，图书馆的藏书往往是同一名称的图书进购多本以方便读者借阅。

　　一个“一对一”的关系也可以精炼成包括最小值和最大值的基数。例如，一条预约信息由一位读者提出——如果没有读者，也不可能有预约信息。因此，1 是最小的基数值，这就是强制关系。由于每一条预约信息不可能对应多个读者，因此，1 也是最大的基数值。这种关系可以解释为“同一时间内某本书只能被一位读者预约”。

　　存储关系的信息和存储事物的信息同样重要。记录每位读者姓名、地址等信息固然重要，但记录该读者借出了哪些图书也同样重要，甚至更为重要。

　　理解事物之间的关系十分重要，这种重要性不仅体现在系统分析阶段，也体现在系统设计阶段，尤其是数据库设计阶段。

4.4.3 事物的属性

大多数信息系统都存储并使用每个事物的一些具体信息。这些特定的信息被称为属性。例如，每位读者都有姓名、所属院系、联系方式等信息，每条信息都是一个属性。系统分析员需要明确每个系统需要存储的事物属性。能唯一标识事物的属性被称为标志符或关键字。例如，读者的图书证编号、某本书的图书编号等。事实上，对事物属性的定义将对后续的设计阶段，尤其是数据库设计阶段产生重要影响。

4.4.4 数据实体和对象

到目前为止，当描述对于系统很重要的事物时，我们主要用到的例子都是系统需要存储其信息的事物。在结构化分析方法中，这些事物被称为数据实体。数据实体与数据实体之间的关系和数据实体的属性都可以使用实体联系图来建模。计算机处理实体之间的相互作用、生成数据实体、修改属性值，以及把一个实体和另一个实体联系起来。事实上，实体联系图是进行数据库设计的一个重要模型。

面向对象的方法把事物看成在系统中彼此相互作用的对象。这里的对象类似于传统方法中的数据实体。二者的区别在于：系统中的对象不仅存储信息而且具有一定的功能。换句话说，对象既有属性又有行为。这个简单的差别却对认识和建立系统的方法产生了巨大的影响。在需求建模的早期阶段，它和结构化分析方法相比几乎没有什么区别。如图4-3所示为从数据实体和对象的角度，对结构化分析方法和面向对象分析方法进行的比较。

图 4-3　结构化分析方法与面向对象分析方法的比较

在面向对象方法中，每个特定事物就是一个对象，例如图书馆管理系统中的某位读者或某本图书。事物的类型称为类。之所以使用"类"这个词，是因为所有的对象都要按照事物的类型来进行分类。类与类之间的联系及类的属性可以使用类图来建立模型。此外，类图还表示出了该类对象的行为，也就是方法。

类的方法就是类的所有对象所具有的行为，行为就是对象自处理操作。对象可以在需要的时候修改自身的属性值，而不需要外部处理程序来修改这些属性值。要让一个对象执行某种操作，可以让另一个对象给该对象发送一个消息。一个对象可以给其他对象发送消息，也可以给用户发送消息。这样，整个信息系统实际上成为相互作用的对象集合。由于每个对象都有属性值和对属性进行操作的方法，因此可以说一个对象被封装成为一个封闭的单元。

任务 4.5　实体联系图

结构化分析方法把重点集中在系统的数据存储需求上，数据存储需求包括数据实体、数据实体的属性，以及它们之间的关系。用来定义数据存储需求的模型称为实体联系图（Entity-Relation Diagram，ERD）。

在 ERD 中，用一些规范的符号表示特定的含义。其中，矩形代表数据实体，连接矩形的直线代表数据实体之间的关系。如图 4-4 所示为一个简单的 ERD，图中有两个数据实体：学生和学院。每个学生必须属于某个学院，某个学院可以包含很多学生。从学生的角度来看，基数是一对一；从学院的角度来看，基数则是一对多。连接学生实体的直线端有一个像"鸟爪"的符号，该符号表示"多个学生"。关系线上其他的符号代表基数的最小值、最大值限制。如图 4-4 所示的模型实际上表示：一个学生只能属于一个学院，一

图 4-4　一个简单的 ERD

个学院可以有多个学生。这个限制反映了学生学籍管理的规则，作为系统分析员必须了解这个规则并通过模型准确地描述出来。

分析员在建模的过程中，常常需要对 ERD 进行细化。细化的一个方法就是分析多对多关系。如图 4-5 所示为一个多对多关系的例子。在大学中，一个学生可以注册多门课程，每门课程也可以供多个学生注册。因此，课程和学生之间是多对多关系。在很多情况下都存在多对多的关系，可以使用两端带有"鸟爪"符号的直线表示这种关系从而给这些关系建模。然而，这种看似很自然的关系模型在系统设计阶段却会遇到麻烦，这是因为关系数据库不能直接实现多对多关系。解决的办法是建立一个单独的表，该表包括了关系两端的关键字，从而使它成为连接两个具有多对多关系的纽带。

随着分析的深入，我们通常会发现多对多关系还需要存储别的数据。例如，在如图 4-5 所示的 ERD 中，每个学生选修某门课的成绩存放在什么地方呢？这是非常重要的数据。尽管模型显示了一个学生选修了哪门课程，但是模型中却没有存储成绩。解决的方法是增加一个数据实体，该实体表示学生和课程之间的关系，这种数据实体称为关联实体。没有存储的数据就作为关联实体的属性。如图 4-6 所示为包含关联实体的大学课程注册的扩展 ERD，此时学生的成绩就是课程注册这个关联实体的一个属性。

图 4-5　含有多对多关系的大学课程注册 ERD

图 4-6　包含关联实体的大学课程注册的扩展 ERD

从左向右看如图 4-6 所示的关系，这个 ERD 表示一门课程对应许多课程注册，即一门课程可以被多个学生注册，而每个课程注册又对应一个具体的学生。从右向左看，表示一个学生可以注册多门课程，而每个课程注册又对应一门具体的课程。用这个模型实现的数据库将能够产生成绩列表，列出所有学生每门课程对应的成绩及每个学生的成绩单。

在建模的过程中，还要对 ERD 进行其他方面的细化。一个重要的细化过程是规范化，满足数据库设计过程中的 4 个范式，在这里就不再进行详细介绍了。

任务 4.6　用面向对象分析方法描述需求模型

面向对象的方法也强调对系统中所包含事物的理解。这种方法给对象建立模型，而不是建立数据实体。和数据实体类似的是，对象类也有属性和关联。对象既存储信息也执行系统中的实际处理过程。这些处理过程，即对象的行为，可以执行是因为对象既有属性又有方法。由于对象具有行为，因此结构化方法和面向对象方法的需求模型在形式上会大不相同。在面向对象方法中使用类图来描述事物。

4.6.1　用面向对象方法分析事物

在介绍类图的具体知识之前，先介绍人们认识现实世界的两种方法：概括-具体的层次分析、整体-局部的层次分析。

人们对于现实世界事物的认识是按照它们的异同来将其分类的。概括就是把相似类型的事物进行分组，例如有很多种类的机动车辆——小汽车、卡车和坦克。所有的机动车辆都有某种共同的特点，因此机动车辆就是一个更概括的类。具体就是把不同种类的事物进行分类，例如某种小汽车中包括跑车、轿车和体育用车。这些小汽车在某些方面相似，而在其他方面却不同。因此，跑车就是小汽车中的一个具体类型。

对事物进行概括-具体的层次分析可以使用概括-具体层次图来描述，它把事物按照从最概括到最具体的顺序进行排列。如前面所介绍的那样，分类就是定义事物的类。在层次图的每个类的上面也许有更概括的类，这个类称为父类。同时，每个类的下面也许有更具体的类，这个类称为子类。如图 4-7 所示，汽车有 3 个子类，还有 1 个父类，即机动车辆。允许子类共享其父类所具有的特征。汽车也是机动车辆，但是它有更具体的特征。赛车也是汽车，不过多了些别的特征。从这一点来看，子类继承了父类的特征。在面向对象的方法中，继承是一个关键的概念，这是由概括-具体层次图所决定的。有时，这种层次图也被称为继承层次图。

人们认识事物信息的另一种方法是，根据它们的各个部分定义它们。例如，学习计算机系统可以认识到计算机是由不同的部分组成的，这些不同的部分是处理器（CPU）、内存、键盘、硬盘和显示器等。键盘并不是计算机的一种特殊类型，而只是计算机的一个部分。然而，就键盘本身来说，它是一个完全独立的事物。整体-局部层次图描述的分析方法强调对象及其组件之间的关系。

整体-局部层次图有两种类型：聚合及合成。聚合用于描述一种关联形式，这种关联详细说明了集合（整体）及其组件（局部）之间的整体-局部关系，这里的各个部分都可以独立存在。如图 4-8 所示，图中使用空心菱形来表示聚合。合成用于描述更强的整体-局部关系，其中的各个部分一旦关联，就不能独立存在。常用实心的菱形符号来表示合成。

不论是聚合或合成，分析员可以利用整体-局部层次图描述类之间关联的细微差别。对于任何关联关系，基数/重数都适用，例如计算机可以有一个或多个磁盘存储设备。

4.6.2　类图的符号

类图采用的符号基于统一建模语言，这种语言已成为面向对象系统开发中建立模型的实际标准，由于在项目 2 中有详细介绍，这里不再重复。本节只介绍类图的符号。

図 4-7　机动车的概括-具体层次图　　　图 4-8　计算机各部分之间的整体-局部（聚合）关系

　　如图 4-9 所示为由类名、属性和方法组成的类图符号。类图符号用一个矩形表示，包含 3 个部分。矩形顶端是类名，中间部分列出了类的属性，下部列出了类的重要方法。如果方法是标准的，那么它们通常就不显示在类图符号中，例如增加、删除和更改新读者的信息。

　　如图 4-10 所示为一个图书馆管理系统的图书-读者类图，其中读者又分为两种类型：学生读者和教师读者。在系统分析的初级阶段可以暂不考虑方法，许多分析员直到考虑对象行为时才考虑这些方法。

　　图 4-10 中的类图包括一张概括-具体层次图：读者是父类，学生读者和教师读者是两个子类。连接类的箭头符号表示继承，子类从父类中继承属性和行为。因此，学生读者类从读者类继承了其所有方法及属性。类似地，教师读者类继承了同样的方法和属性。但是，教师读者类具有更多的借阅权限，从而使得一些属性和方法对这两个子类都是共有的，而其他一些属性和方法则不能共有。从类图中可以看出，一个学生读者对象具有 5 个属性，而一个教师读者对象具有 6 个属性。另外，教师读者对象除了具有一般读者所具有的方法外，还具有专业文献借阅的方法。

图 4-9　由类名、属性和方法组成的类图符号　　　图 4-10　图书-读者类图

　　在这个例子中，继承就意味着当创建一个学生读者对象时就需要 5 个属性赋值，而教师读

者对象需要 6 个属性赋值。学生读者对象和教师读者对象一样都可以完成基本的查询、续借、预约等活动。教师读者对象可以进行文献借阅，而学生读者对象则不可以。每个对象或实例可以维护信息，并且可用于调用它的某个方法。

就像在实体联系图中一样，读者类和图书类可以发生关联。每位读者可以借 0 本或多本图书。注意，这张图在连接类的线上标明了最小和最大的重数。图中星号表示"多"，在读者和图书之间的重数最小可以为 0，最大可以为许多。为了说明强制关系，图中最小值可以为 1，最大值可以为许多。类似地，在本例的同一事件中，每一本图书只能被一位读者借出。图中也可用最小值为 0，最大值为 1 来说明可选的一对一关联。

4.6.3　建模的目标

在系统分析建模的过程中，使用结构化方法和使用面向对象方法建立的系统需求模型可能会有很大差异。不论使用哪一种方法，项目 4 讨论的事件和事物这两个关键概念都是建模过程的起点。在随后的项目任务中将分别讨论这两种方法，它们都是以相同的初始信息开始的。如图 4-11 所示为结构化方法和面向对象方法的需求模型。

结构化方法首先获得事件列表，然后根据表中的信息生成一组数据流程图（Data Flow Diagram，DFD），这些图包括关联图、DFD 片段和详细 DFD。ERD 定义了包括在 DFD 中的数据存储需求。需求的其他信息包括数据流定义和过程描述等。

面向对象方法首先获得事件列表，然后生成一组用例图和应用实例图。应用实例图和类图用于生成对象行为的其他模型，应用实例图包括顺序图、状态图和其他模型等。

图 4-11　结构化方法和面向对象方法的需求模型

任务 4.7　需求分析规格说明书编写提纲

需求分析是系统建设的初始阶段，系统需求建模使得系统的基本功能以模型的形式更加清晰有序地显现出来。然而，仅仅建模还是不够的，需求分析阶段的成果将以需求分析说明书这样的文档来体现。下面提供一个需求分析规格说明书编写提纲供读者参考。

需求分析规格说明书编写提纲分以下 6 个部分。

1．引言

（1）编写目的。

（2）背景说明。

（3）术语定义。

（4）参考资料。

2．任务概述

（1）目标。

（2）用户特点。

（3）假定与约束。

3．需求规定

（1）对功能的规定。

（2）对性能的规定。

① 精度。

② 时间特性。

③ 灵活性。

（3）输入输出的要求。

（4）数据管理能力的要求。

（5）故障处理要求。

（6）其他专门要求。

4．运行环境设定

（1）设备。

（2）支持软件。

（3）接口。

（4）控制。

5．缩写词表

6．参考文献

项 目 小 结

项目 4 介绍了建模的两种基本分析方法——结构化分析方法和面向对象分析方法，以及它们用来描述系统需求的模型工具。在建设管理信息系统初期需要明确系统需求，使用模型清晰完整地描述需求是有效手段。

拓 展 训 练

拓展训练任务 1　使用 Microsoft Office Visio 绘制流程图

1．训练目的

（1）熟悉绘制流程图的各种图元及其含义。

（2）掌握使用 Microsoft Office Visio 绘制流程图的方法。

2．训练要求

（1）使用 Microsoft Office Visio 绘制课程管理系统的系统流程图。

（2）完成实训报告。

3．训练内容

（1）选择【开始】|【程序】|【Microsoft Office】|【Microsoft Office Visio 】命令启动 Microsoft Office Visio，然后选择【文件】|【新建】|【流程图】|【基本流程图】命令（如图4-12所示）即可打开内置的 Gane-Sarson 形状任务栏。

图 4-12　在 Microsoft Office Visio 中新建基本流程图

在左侧任务窗格中会显示"基本流程图形状"任务栏内容，其中包括用于绘制系统流程图的常用图元。

（2）拖动"基本流程图形状"任务栏中的【进程】图元到绘图区域并调整其大小及位置，双击新添加的进程图元，进入文字编辑状态，添加相应文字，如图4-13所示。

图 4-13　在图元中添加文字

（3）拖动"基本流程图形状"任务栏中的【数据存储】图元到绘图区域并调整其大小及位置。

（4）用鼠标右键单击已添加的数据存储图元，在弹出的快捷菜单中选择【形状】|【向左旋转】命令，使图元旋转 90° 以符合人们的阅读习惯。

（5）双击数据存储图元，在其中添加文字，由于经过旋转，其文字如图 4-14 所示。为了符合人们的阅读习惯，需要更改文字的显示效果。

图 4-14　添加了文字的数据存储图元

（6）用鼠标右键单击数据存储图元，在弹出的快捷菜单中选择【形状】|【旋转文字】命令，使文字以 90° 旋转，多次调整直到文字水平显示为止。

（7）用相似的方法在绘图区域添加手工操作、文档等图元。

（8）在各图元之间添加连接线，单击工具栏上的 按钮，在下拉菜单中选择【其他 Visio 方案】|【连接线】命令，在左侧"形状"任务窗格中会显示"连接线"任务栏。

（9）选中"连接线"任务栏中的【动态连接线】图元，在需要连接的图元之间绘制一条连接线，如图 4-15 所示。

图 4-15　在需要连接的图元之间绘制一条连接线

（10）如果需要把折线调整为直线，可以用鼠标右键单击连接线，在弹出的快捷菜单中选择【直线连接线】命令。

（11）如果要把单箭头连接线变为双箭头连接线，可以用鼠标右键单击连接线，在弹出的快捷菜单中选择【格式】|【线条】命令，如图 4-16 所示。

图 4-16　设置连接线的线条格式

（12）在弹出的【线条】对话框中，在【起点（B）】下拉列表框中选择【04】样式。

（13）重复以上步骤，可以绘制出课程管理系统的系统流程图，如图 4-17 所示。

图 4-17　课程管理系统的系统流程图

拓展训练任务 2　学生管理系统练习

1．训练目的

（1）培养学生运用所学软件做项目需求分析的理论知识和技能，以及分析并解决实际应用问题的能力。

（2）培养学生面向客户进行调查研究的能力，获得客户对软件的功能和性能需求，并用软件工程的需求分析方法写出相关的文档。

（3）通过实训，了解 UML 在需求分析阶段所包含的内容。

2．训练要求

（1）能深入所在学校的学生管理部门，了解学校学生管理人员对学生信息的需求。

（2）实训完成后，根据需求分析的结果，完成软件规格说明书。

3．训练内容——学生管理系统练习

（1）完成学生管理系统的需求分析。

（2）用结构化分析方法完成学生管理系统的分层数据流图。

（3）分析学生管理系统的用例，使用 UML 建模方法画出系统用例图和类图。

（4）完成学生管理系统的软件规格说明书。

知识点考核与理解

1．选择题

（1）需求分析阶段的工作分为 4 个方面：对问题的识别、分析与综合、编写需求规格说明书和（　　）。

　　A．需求分析评审　　　B．对问题的解决　　　C．对过程的讨论　　　D．功能描述

（2）以下不是用结构化分析方法描述系统功能模型的方法是（　　）。

　　A．数据流图　　　　　B．数据字典　　　　　C．加工说明　　　　　D．流程图

（3）以下不是对象具有的特点是（　　）。

　　A．数据的封装性　　　B．并行性　　　　　　C．模块独立性好　　　D．对象是被动的

（4）对象模型技术是由 Jame Rumbaugh 等 5 人提出来的，该方法把分析、收集到的信息构造在对象模型、动态模型和功能模型中，将开发过程分为系统分析、系统设计、（　　）和实现 4 个阶段。

　　A．对象设计　　　　　B．类的设计　　　　　C．模块设计　　　　　D．程序设计

（5）按照层次来划分，UML 的基本构造块包含视图、图和（　　）。

　　A．功能模型　　　　　B．模型元素　　　　　C．实例　　　　　　　D．视图元素

2．填空题

（1）需求分析的任务是理解和表达用户的需求，_____，确定软件设计的限制和软件与其他系统元素的接口细节，定义软件和其他有效性需求。

（2）系统分析是对问题的_____和_____的过程，分析员要回答的问题是"_____"的问题，而不是"系统应该怎么做"的问题。

（3）_____是一种面向数据流的需求分析方法。这种方法通常与设计阶段的结构化设计衔接起来使用。

（4）面向对象分析模型通常包括_____、_____和_____。

（5）＿＿＿＿＿＿＿是某些对象的模板，抽象地描述属于该类的全部对象的属性和操作。

3．思考题

（1）什么是需求分析？需求分析阶段的基本任务是什么？

（2）什么是结构化分析方法？该方法使用什么描述工具？

（3）什么是面向对象技术？面向对象分析方法的特点是什么？

（4）什么是类？类与传统的数据类型有什么关系？

（5）建立分析和设计模型的一种重要的方法是 UML。UML 是一种什么样的建模方法？它如何表示一个系统？

（6）在 UML 中提供哪几种图？说明每种图所描述的内容是什么。

（7）对图书馆管理系统，用 UML 的图形符号建立该系统的用例图。

项目 5　软件项目总体设计

在软件需求分析阶段已经完全弄清楚了软件的各种需求，较好地解决了所开发的软件"做什么"的问题，下一步要着手对软件系统进行设计，也就是考虑应该"怎么做"的问题。软件设计是软件项目开发过程的核心，需求规格说明是软件设计的重要输入，也为软件设计提供了基础，软件设计过程是将需求规格说明转化为一个软件实现方案的过程。

项目要点：
- 了解软件项目总体设计的任务和目标、总体设计的准则，以及软件设计原理；
- 掌握结构化的软件项目总体设计方法；
- 掌握面向对象的软件项目总体设计方法。

任务 5.1　总体设计的基本内容

对于任何工程项目来说，在施工之前，都要先完成设计。从软件项目总体设计阶段开始正式进入软件的实际开发阶段，本阶段要完成系统的大致设计并明确系统的数据结构与软件结构。软件总体设计的核心内容就是依据需求规格或规格定义，合理、有效地实现产品规格中定义的各项需求。它注重框架设计、总体结构设计、数据库设计、接口设计、网络环境设计等。总体设计是将产品分割成一些可以独立设计和实现的部分，以保证系统的各个部分可以和谐地工作。总体设计过程是不断地分解系统模块，从高层分解到底层分解的过程。

5.1.1　软件设计的定义

软件需求描述的是"做什么"的问题，而软件设计解决的是"怎么做"的问题。软件设计是将需求描述的"做什么"问题变为一个实施方案的创造性的过程，使整个项目在逻辑上和物理上能够得以实现。软件设计是软件工程的核心部分，软件工程中有三类主要开发活动：设计、编码、测试。设计是第一个开发活动，也是最重要的活动，是软件项目实现的关键阶段。设计质量的高低直接决定了软件项目的成败，缺乏或者没有软件设计的过程会产生一个不稳定的甚至是失败的软件系统。

良好的软件设计是进行快速软件开发的根本。没有良好的软件设计，会将时间花在不断的调试上，无法添加新功能，修改时间越来越长，随着给程序打上一个又一个的补丁，新的功能又需要更多的代码实现，就变成了一个恶性循环。

我们将软件设计分为两个级别：一个是概要设计（或称总体设计），另一个是详细设计。概要设计是从需求出发，描绘了总体上系统架构应该包含的组成要素。概要设计要尽可能模块化，描绘各个模块之间的关联。详细设计主要描述实现各个模块的算法和数据结构，以及用特定计算机语言实现的初步描述，例如变量、指针、进程、操作符号及一些实现机制。

5.1.2　总体设计的目标与步骤

1．总体设计的目标

总体设计的目标是根据总体设计的任务，明确设计最终达到的目标，依据现有资源，选取合理的系统解决方案，设计最佳的软件模块的结构，设计全面而精准的数据库，同时制订详细的测试计划，书写相关的文档资料。

2．总体设计的步骤

由系统设计人员来设计软件，就是要根据若干规定和需求，设计出功能符合需要的系统。一个软件的最基本模型框架一般由数据输入、数据输出、数据管理和空间分析 4 个部分组成；但随着具体开发项目的不同，在系统环境、控制结构和内容设计等方面都有很大的差异。因此，设计人员进行总体设计时，必须遵循正确的步骤，一般步骤如下。

（1）根据用户需要，确定要做哪些工作，形成系统的逻辑模型。

（2）将系统分解成一组模块，各个模块分别满足所提出的要求。

（3）将分解出来的模块，按照是否能满足正确的需求进行分类。对不能满足正常需求的模块要进一步调查研究，以确定能否进行有效的开发。

（4）制订工作计划，开发有关的模块，并对各模块进行一致行动测试及系统的最后运行测试。

5.1.3　总体设计的基本任务

1．软件结构设计

为了实现目标系统，最终必须设计出组成这个系统的所有程序结构和数据库文件。对于程序则首先要进行结构设计，具体方法如下。

（1）采用某种设计方法，将一个复杂的系统按功能分成模块。

（2）确定每个模块的功能。

（3）确定模块之间的调用功能。

（4）确定模块之间的接口，即模块之间传递的消息。

（5）评价模块结构的质量。

软件结构的设计是以模块为基础的。在需求分析阶段，通过某种分析方法把系统分解成层次结构。在设计阶段，以需求分析的结果为依据，从实现的角度划分模块，并组成模块的层次结构。

软件结构的设计是总体设计的关键一步，直接影响到详细设计与编程工作。软件系统的质量及一些整体特性都取决于软件结构的设计。

2．数据结构与数据库设计

对于大型数据处理的软件系统，除了软件结构设计外，数据结构与数据库设计也很重要。数据结构的设计采用逐步细化的方法，在需求分析阶段通过数据字典对数据的组成、操作约束和数据之间的关系等方面进行描述，确定数据的结构特性；在总体设计阶段要加以细化；在详细设计阶段则要规定具体的实现细节。

3．编写总体设计文档

下面介绍编写总体设计文档的内容。

（1）总体设计的说明书。总体设计阶段结束时提交的技术文档的主要内容如下。

① 引言：编写的目的、背景、定义、参考资料。

② 总体设计：需求规定、运行环境、基本设计概念和处理流程、软件结构。

③ 接口设计：用户接口、外部接口、内部接口。

④ 运行设计：运行模块组合、运行控制、运行时间。

⑤ 系统数据结构设计：逻辑结构设计、物理结构设计、数据结构与程序的关系。

⑥ 系统出错处理设计：出错信息、补救措施、系统恢复设计。

（2）数据库设计说明书。要给出所使用的数据库管理系统（DBMS）简介、数据库概念模型、逻辑设计和结果。

（3）用户手册。对需求分析阶段的用户手册进行补充和修改。

（4）修订测试计划。对测试策略、方法和步骤提出明确要求。

4．评审

在该阶段，对设计部分是否完整实现需求中规定的功能、性能等要求，设计方案的可行性、关键的处理及内外部接口定义的正确性、有效性，以及各部分之间的一致性都要进行评审。

5.1.4　总体设计的准则

总体设计一是要覆盖需求分析的全部内容，二是要作为详细设计的依据。总体设计过程是一系列迭代的步骤，它们使设计者能够描述要构造的软件系统的特征。总体设计与其他所有设计过程一样，受创造性技能、以往的设计经验和设计灵感，以及对质量的理解等一些关键因素影响，需要转变设计观念，全面提高系统可扩展性，实现工具式的可扩充功能。总体设计和建筑师的房屋设计类似，建筑师首先需要设计出房屋的整体构造，然后局部细化，提供每个细节的构造指南。同样，软件设计提供了软件元素的组织框架图。对此，许多专家曾提出一系列软件设计的原则，下面给出简单介绍。

1．软件设计准则

（1）设计过程应该考虑各种可选方案，根据需求、资源情况、设计概念来决定设计方案。

（2）设计应该可以跟踪需求分析模型。

（3）设计资源都是有限的。

（4）设计应该体现统一的风格。

（5）设计的结构应该尽可能满足变更的要求，

（6）设计的结构应该能很友好地处理异常情况。

（7）设计不是编码，编码也不是设计。

（8）设计的质量评估应该是在设计的过程中进行的，而不是在事后进行的。

（9）在设计评审的时候，应该关注一些概念性错误，而不是更多地关注细节问题。

设计之前的规范性很重要，如命名规则，在设计中要尽可能提倡复用性，同时保证设计有利于测试。

2．命名规则

软件工程技术强调规范化，为了使由许多人共同开发的软件系统能正确无误地工作，开发人员必须遵守相同的约束规范（用统一的软件开发模型来统一软件开发步骤和应进行的工作，用产品描述模型来规范文档格式，使其具有一致性和兼容性）。这些规范要求有一个规范统一的命名规则，这样才能摆脱个人生产方式，进入标准化、工程化阶段。

一般系统开发的命名遵循以下规则。

（1）变量名只能由英文字母（大小写）、下画线"＿"及阿拉伯数字组成，而且第一个字符必须是英文字母或者下画线，不能是数字。

（2）全局变量、局部变量必须用英文字母简写来命名。

（3）数据库表名、字段名必须用英文来命名，命名应尽量体现数据库、字段的功能。

3．术语定义

前面强调了软件工程的规范化，这不仅要求命名规则的规范和统一，而且要求系统中的关键术语具有唯一性，并且定义明确，不具有二义性。

4．参考资料

参考资料是指书写本文件时用到的其他资料，需要列出有关资料的作者、标题、编号、发表日期、出版单位或资料来源，可包括：

（1）本项目经批准的计划任务书、合同或上级机关的批文。

（2）项目开发计划。

（3）需求规格说明书。

（4）测试计划（初稿）。

（5）用户操作手册（初稿）。

（6）本文档所引用的资料、采用的标准或规范。

5．相关文档

相关文档是指当本文件内容变更后，可能引起变更的其他文件，如需求分析报告、详细设计说明书、测试计划、用户手册等。

一个复杂的软件系统除应具备规范的程序代码外，还应具有完备的设计文档来说明设计思想、设计过程和设计的具体实现技术等有关信息。因此，文档是十分重要的，它是开发人员互相进行通信以达到协同一致工作的有力工具，而且，按要求进度提交指定的文档，能使软件生产过程的不可见性变为部分可见，从而便于对软件生产进度进行管理。最后，通过对提交的文档进行技术审查和管理审查，可以保证软件的质量和有效的管理。因此必须重视文档工作。

一般软件开发至少具备如下文档。

（1）需求分析报告。

（2）详细设计说明书。

（3）源程序清单。

（4）测试计划及报告。

（5）用户使用手册。

任务 5.2　结构化的软件设计

5.2.1　结构化设计的基本概念

结构化设计的关键思想是，通过划分独立的模块来减少程序设计的复杂性，并且增加软件的可重用性，以减少开发和维护计算机程序的费用。采用这种方法构筑的软件，组成清晰、层次分明，便于分工协作，而且容易调试和修改，是系统研制较为理想的工具。下面介绍结构化设计的几个基本概念。

1．模块

模块是在程序中的数据说明、可执行语句等程序对象的集合，或是单独命名的元素，如高级程序语言中的过程、函数和子程序等。

在软件的体系结构中，模块是可以组合、分解和更换的单元。模块具有以下几个基本特征。

（1）接口，指模块的输入、输出。

（2）功能，指模块实现的功能。

（3）逻辑，描述内部如何实现要求的功能及所需的数据。

（4）状态，指该模块的运行环境，即模块的调用与被调用关系。

模块化是解决一个复杂问题时自顶向下逐层把软件系统划分为若干模块的过程，是软件解决复杂问题所采用的手段。

2．模块的独立性

模块的独立性是指每个模块只能完成系统要求的独立的子功能，并且与其他模块的联系最少且接口简单。根据模块的外部和内部特征，我们提出了两个定性的度量模块独立性的标准：耦合度和内聚度。

1）耦合度

耦合度是模块之间联系强弱的度量。所谓"紧耦合"是指模块之间的联系强；"松耦合"就是指模块之间的连接弱；"无耦合"是指模块之间无连接，也就是模块之间相互独立。软件结构设计中的目标是努力实现松耦合系统。结构化程序设计中应包括如下几个方面。

（1）联系方式的类型。其耦合度从低到高依次为：直接控制和调用、间接通过参数传递、公共数据、模块间的直接引用。

（2）接口的复杂性。

（3）联系的作用。联系传递的信息所起的作用可分为数据型、控制型和混合型 3 种。

2）内聚度

内聚度是模块所执行任务的整体统一性的度量，描述的是模块内的功能联系，标志着一个模块内各个元素彼此结合的紧密程度，它是信息隐蔽和局部化概念的自然扩展，一个好的内聚模块应当恰好做一件事。

根据内聚度的形式和内聚度的高低不同可将内聚归结为以下 7 种。

（1）偶然内聚。如果一个模块的各成分之间毫无关系，则称为偶然内聚。

（2）逻辑内聚。如果几个逻辑上相关的功能被放在同一模块中，则称为逻辑内聚，如一个模块读取各种不同类型外设的输入。尽管逻辑内聚比偶然内聚合理一些，但逻辑内聚的模块各成分在功能上并无关系，即使局部功能的修改有时也会影响全局，因此这类模块的修改也比较困难。

（3）时间内聚。如果一个模块完成的功能必须在同一时间内执行（如系统初始化），而这些功能只是因为时间因素关联在一起，则称为时间内聚。

（4）过程内聚。如果一个模块内部的处理成分是相关的，而且这些处理必须以特定的次序执行，则称为过程内聚。

（5）通信内聚。如果一个模块的所有成分都操作同一数据集或生成同一数据集，则称为通信内聚。

（6）顺序内聚。如果一个模块的各个成分和同一功能密切相关，而且一个成分的输出作为另一个成分的输入，则称为顺序内聚。

（7）功能内聚。如果模块的所有成分对于完成单一的功能都是必需的，则称为功能内聚。

3．抽象

抽象是在认识复杂现象过程中使用的思维工具，即抽出事物本质的共同的特性而暂不去考虑其他的细节，不考虑其他因素。当考虑用模块化的方法解决问题时，可以提出不同层次的抽象。在抽象的最高层，可以使用问题环境的语言，以概括的方式叙述问题的解。在抽象的较低层，则采用更过程化的方法，在描述问题的解时，面向对象的术语和面向现实的术语相结合使用。最终，在抽象的最低层，可以用直接实现的方式来说明。软件工程实施中的每一步都可以看作是对软件抽象层次的一次细化。由抽象到具体进行分析并构造出软件的层次结构，可以提高程序的可理解性。

4. 信息隐蔽

信息隐蔽是软件开发的一种原则和方法。在大型程序设计中，为了实现对象的可见性控制，在分层构造软件模块时要求有些对象只在模块内部可见，在该模块外部不可见。这样，就实现了所谓信息隐蔽。例如，在自顶向下分层设计中，其较低层的设计细节都被"隐蔽"起来，不仅功能的执行机制被隐蔽起来，而且控制流程的细节和一些数据也被隐蔽起来，随着设计逐步往低层推移，其细节会逐步显露出来。在模块化设计中，接口只是功能描述，而模块本身的实现细节对外界则是不可见的，从实现的角度来说，并不影响使用它的模块，这有利于软件的重复使用。

5.2.2 结构化的设计方法

结构化的设计方法主要有功能模块划分设计、面向数据流设计、输入/输出设计等。

1. 功能模块划分设计

这种设计方法根据功能进行分解，分解出一些模块，设计者从高层到低层一层一层地进行分解，每层都有一定的关联关系，每个模块都有特定的、明确的功能，每个模块的功能是相对独立的，同时也是可以集成的，这种方法在传统的软件工程中已经被普遍接受。模块划分应该体现信息隐藏、高内聚、松耦合的特点。如图5-1所示是图书馆管理系统功能模块划分的设计。

图5-1　图书馆管理系统功能模块划分的设计

2. 面向数据流设计

面向数据流设计是基于外部的数据结构进行设计的一种方法。这种设计的目标是给出设计结构的一个系统化途径。根据数据流，采用自顶向下逐步求精的设计方法，按照系统的层次结构进行逐步分解，并以分层的数据流反映这种结构关系，能清楚地表达和理解整个系统。为了表达数据处理过程的数据加工情况，需要采用层次结构的数据流图，它的基本原理是系统的信息以"外部世界"的形式进入软件系统，经过处理之后再以"外部世界"的形式离开系统。面向数据流的设计方法定义了一些"映射"，利用这些"映射"可以将数据流图变换成软件结构，数据流的类型决定了映射的方法。数据流有两种基本类型：变换型数据流和事务型数据流。

变换型数据流一般可以分为3个部分：输入、处理（也称加工）和输出，如图5-2所示，信息沿着输入通道进入系统，同时由外部形式变化为内部形式，进入系统的信息变换中心，经过加工处理以后，再沿着输出通道变化为外部形式，然后离开软件系统。

图 5-2 变换型数据流设计

事务型数据流有一个明显的事务中心，它接受一项事务，根据该事务的特点和性质，选择分配一个适当的处理单元，然后输出结果，如图 5-3 所示。

图 5-3 事务型数据流设计

事务中心模块首先从接受事务模块接受一项事务，接着调用调度模块选择分配处理单元，获取处理结果，然后调用输出模块输出结果。

面向数据流设计方法的过程是：在将数据流图转换成软件结构之前，先要进一步精化数据流图，然后对数据流图分类，确认是事务型还是变换型。不同类型的数据流图的设计过程是不同的。

变换型数据流图的处理过程是：

（1）区分输入、处理、输出 3 个部分。

（2）映射成变换型软件结构。

（3）优化软件结构。

事务型数据流图的处理过程是：

（1）区分事务中心、接受事务通路和各处理单元。

（2）映射成事务型软件结构。

（3）优化软件结构。

3．输入/输出设计

输入/输出设计方法类似于黑盒设计方法，它是基于用户的输入进行的设计，高层描述出用户的所有可能输入，低层描述出针对这些输入系统所完成的功能。可以采用 IPO 图表示设计过程，IPO 是"输入/处理/输出"的英文缩写。IPO 图使用的基本符号既少又简单，设计人员可以轻松地学会使用这种图形工具。它的基本形式是在左边的框中列出有关的输入数据，中间的框内列出主要的处理功能，在右边的框内列出产生的输出数据。在处理框中列出处理的次序，指出功能执行的顺序，但是用这些基本符号还不足以精确描述执行处理的详细情况。在 IPO 图中还用类似向量符号的箭头清楚地指出数据通信的情况。如图 5-4 所示就是一个 IPO 图的例子，通过这个例子不难了解 IPO 图的用法。

图 5-4   IPO 图的例子

任务 5.3   面向对象的软件设计

5.3.1   面向对象的设计方法

对象是真实世界映射到软件领域的一个构件，当用软件实现对象时，对象由私有的数据结构和操作过程组成，操作可以合法地改变数据结构。面向对象的设计方法表示出所有的对象类及其相互之间的关系。最高层描述每个对象类，低层描述对象的自属性和活动，以及各个对象之间的关联关系。面向对象是很重要的软件开发方法，它将问题和解决方案通过不同的对象集合在一起，包括对数据结构和响应操作方法的描述。面向对象有 7 个属性：同一性、抽象性、分类性、封装性、继承性、多态性、对象之间的引用。

面向对象的设计（OOD）将用面向对象分析方法建立的需求分析模型转化为构造软件的设计模型。需要了解很多面向对象开发的概念，例如类、对象、属性、封装性、继承性、多态性、对象之间的引用等，以及体系结构、类的设计、用户接口设计等面向对象的设计方法。

面向对象的设计结果是产生大量的不同级别的模块，一个主系统级别的模块由很多的子系统级别的模块组成，这些模块共同构成了面向对象系统。另外，面向对象的设计还要对数据的属性和相关的操作进行详细的描述。

面向对象的设计方法主要有 4 个特点：抽象性、信息隐藏性、功能独立性和模块化。尽管所有的设计方法都极力体现这 4 个特性，但是只有面向对象提供了实现这 4 个特性的机制。

在进行对象分析和设计的时候，一般采用如下步骤。

（1）识别对象。

（2）确定属性。

（3）定义操作。

（4）确定对象之间的通信。

（5）完成对象定义。

1．识别对象

识别对象首先需要对系统进行描述，然后对描述进行语法分析，找出名词或名词短语，根据这些名词或名词短语确定对象，对象可以是外部实体、物、事件、角色、组织单位、场所、结构等。

下面举例说明如何确定对象。

假设我们需要设计一个家庭安全系统，这个系统的描述如下。

家庭安全系统可以让业主在系统安装时为系统设置参数，可以监控与系统连接的全部传感器，可以通过控制板上的键盘和功能键实现交互。

在安装中，控制板用于为系统设置程序和参数，每个传感器被赋予一个编号和类型，设置一个主口令使系统处于警报状态或者警报解除状态，输入一个或多个电话号码，当发生一个传感器事件时就拨号。

当一个传感器事件被软件检测到时，连在系统上的警铃鸣响，在一段延迟时间（业主在系统参数设置阶段设置这一延迟时间的长度）之后，软件拨一个服务的电话号码，提供位置信息，报告侦查到的事件的状况。每20s重拨一次电话号码，直到电话接通为止。

所有与家庭安全系统的交互都是由用户交互作用子系统完成的，它读取由键盘及功能键所提供的输入，在显示屏上显示业主住处和系统状态信息。

通过语法分析，提取名词，提出潜在的对象：房主、传感器、控制板、安装、安全系统、编号、类型、主口令、电话号码、传感器事件、警铃、监控服务等。这些潜在对象在满足一定的条件时才可以称为正式对象，当然在确定对象时有一定的主观性。可依据下列6项特征来考察潜在的对象是否可以作为正式对象。

（1）包含的信息。当该对象的信息对于系统运行必不可少时，潜在对象才是有用的。

（2）需要的服务。该对象必须具有一组能以某种方式改变其属性值的操作。

（3）多重属性。一个只有一个属性的对象可能确实有用，但是将它表示成另外一个对象的属性可能会更好。

（4）公共属性。可以为对象定义一组公共属性，这些属性适用于对象出现的所有场合。

（5）公共操作。可以为对象定义一组公共操作，这些操作适用于对象出现的所有场合。

（6）基本需要。出现在问题空间里，生成或者消耗对系统操作很关键的信息外部实体。

当然，还可以根据一定的条件和需要设定潜在的对象为正式的对象，必要时可以增加对象。

2. 确定属性

为了找出对象的一组有意义的属性，可以再研究系统描述，选择合理的与对象相关联的信息。例如对象"安全系统"，其中房主可以为系统设置参数，如传感器信息、报警响应信息、启动/撤销信息、标识信息等。这些数据项表示如下：

（1）传感器信息=传感器类型+传感器编号+警报临界值。

（2）报警响应信息=延迟时间+电话号码+警报类型。

（3）启动/撤销信息=主口令+允许尝试的次数+暂时口令。

（4）标识信息=系统标识号+验证电话号码+系统状态。

对等号右边的每个数据项都可以进一步定义，直到变成基本数据项为止，由此可以得到对象"安全系统"的属性。

3. 定义操作

一个操作以某种方式改变对象的一个或多个属性值，因此，操作必须了解对象属性的性质，操作能处理从属性中抽取出来的数据结构。为了提取对象的一组操作，可以再研究系统的需求描述，选择合理的属于对象的操作。为此，可以进行语法分析，隔离出动词，某些动词是合法的操作，很容易与某个特定的对象相联系。由前面的系统描述可以知道，"传感器被赋予一个编号和类型"或者"设置一个主口令使系统处于警报状态或警报解除状态。"它们说明：

（1）一个赋值操作与对象传感器相关。

（2）对象系统可以加上操作设置。

（3）处于警报状态和警报解除状态是系统的操作。

4．确定对象之间的通信

建立一个系统，仅仅定义对象是不够的，在对象之间必须建立一种通信机制，即消息。要求一个对象执行某个操作，就要向它发送一个消息，告诉对象做什么。接收消息者（对象）响应消息的过程是：首先选择符合消息名的操作并执行，然后将控制返回使用者。消息机制对一个面向对象系统的实现是很重要的。

5．完成对象定义

前面从语法分析中选取了操作，确定其他操作还要考虑对象的生命周期及对象之间传递的消息，因为对象必须能被创建、修改、删除或者以某种方式读取，还要能够定义对象的生命周期。考察对象在生命周期内的活动，可以定义一些操作，从对象之间的通信可以确定一些操作，例如，传感器事件会向系统发送消息以显示事件位置和编号，控制板会发送一个重置消息以更新系统状态，警铃会发送一个查询消息，控制板会发送一个消息呼叫系统中包含的电话号码等操作。

在对象中还包括一个私有的数据结构和相关的操作。对象还有一个共享的部分，即接口，消息通过接口指定需要对象中的哪一个操作，但不指定操作怎样实现，接收消息的对象决定要求的操作如何完成。用私有部分定义对象，并提供消息来调用操作，就实现了信息隐藏，软件元素用一种定义良好的接口机制组织在一起。

5.3.2　系统行为——图书馆管理系统的用例图

本节介绍面向对象的用例图。画用例图的目的是识别如何使用系统，它是记录系统必备功能的简便方法。用例图在本质上是事件表的延伸。有时可以用一个综合的用例图来描述整个系统，在某些情况下，一些小型用例图可以组成用例模型。

1．用例、参与者及场景

面向对象方法使用术语"用例"来描述系统对事件做出响应时所采取的行动。例如，对于图书馆管理系统，"读者借书""读者查询图书信息"都可以看作系统相关的用例。在用例分析里有两个重要的概念：所涉及的人和使用本系统的人。在 UML 中，所涉及的人被称为参与者，一个参与者总是在系统的自动化边界之外。此外，还可以通过划分角色的方法辨别参与者。在图书馆管理系统中，一位读者使用系统完成已借图书的一次续借行为，而一位图书管理员使用系统完成对逾期还书读者的罚款处理，不同的人处于不同的角色，他们都是参与者。另外，同样的人可以担当许多不同的角色，例如一个具体的人，他的本职工作是图书管理员，但他也可以借阅图书馆的图书，从这一点来说，他同时也是一位读者。

用例只是表明了一个参与者与信息系统交互来完成业务活动。用例是一种高层的描述，它可能包含完成这个用例的所有步骤。我们使用活动流来描述这些步骤，活动流是对用例中步骤的通用描述。大多数情况下，还需要进一步细化这些描述。

有时，一个用例在内部活动顺序上有多个选择。例如，由读者或图书管理员与系统交互，这个不同可以使"续借图书"这个用例有不同的任务顺序。这里顺序叫作场景，它代表通过用例的唯一途径。场景是对一个用例中的一套内部活动的识别和描述，一个用例可能有多个不同的场景。在图书馆管理系统中，用例"续借图书"至少有两个场景：一个名为"读者使用网络完成续借"，另一个名为"读者在流通台请图书管理员完成续借"。

2. 用例和参与者的关系及用例之间的关系

用例与其参与者发生关联，这种关系称为关联关系。此外，用例之间还可以具有系统中的多个关系，这些关系包括关联关系、包含关系、扩展关系和泛化关系。应用这些关系的目的是从系统中抽取出公共行为及其变体。

1）关联关系

关联关系描述参与者与用例之间的关联。在 UML 中，关联关系用箭头来表示，如图 5-5 所示。如图 5-6 所示为读者及其用例之间的关联关系。

图 5-5　用例与参与者之间的关系

图 5-6　读者及其用例之间的关联关系

2）包含关系

虽然每个用例的实例都是独立的，但是一个用例往往可以用其他更简单的用例来描述，这一点类似于通过继承父类并增加附加描述来定义一个子类。一个用例可以简单地包含其他用例具有的行为，并把它所包含的行为作为自身行为的一部分，这种关系称为包含关系。在 UML 中，包含关系表示为虚线箭头加"<<include>>"字样，箭头指向被包含用例，如图 5-7 所示。

包含关系把几个用例的公共部分分离成一个单独的被包含用例。被包含用例称为提供者用例，包含用例称为客户用例，提供者用例提供功能给客户用例使用。用例之间的包含关系允许把提供者用例的行为包含到客户用例的事件中。

包含关系在如下场合中使用。

（1）如果两个以上用例有大量一致的功能，则可以将这个功能分解到另一个用例中，其他用例可以和这个用例建立包含关系。

（2）一个用例的功能太多时，可以使用包含关系建立若干个更小的用例。

要使用包含关系就必须在客户用例中说明提供者用例行为被包含的详细位置，这一点类似于功能调用。

在图书馆管理系统用例图中，"查询图书信息"的功能在"读者预约图书"过程中使用，无论如何处理"读者预约图书"用例，总要运行"查询图书信息"用例，因此二者具有包含关系。用例之间的包含关系实例如图 5-8 所示。

3）扩展关系

一个用例可以被定义为基础用例的增量扩展，称为扩展关系。扩展是把新的行为插入已有用例中的方法，同一个基础用例的几个扩展用例可以在一起应用，使用扩展关系增加了基础用例原有的语义。在 UML 中，扩展关系表示为虚线箭头加"<<extend>>"字样，箭头指向被扩展用例，即基础用例，如图 5-9 所示。

图 5-7　用例之间的包含关系　　　　　　图 5-8　用例之间的包含关系实例

与包含关系不同的是，基础用例即使没有扩展也是完整的。另外，一个用例可能有多个扩展点，每个扩展点可以出现多次。与包含关系相比，一般对于扩展关系来说，基础用例的执行不会涉及扩展用例，只有在特定条件下，扩展用例才被执行。从这个角度来讲，扩展关系为处理异常或构建灵活的系统框架提供了一种十分有效的方法。

在图书馆管理系统用例图中，"还书"是基础用例，"缴纳罚金"是扩展用例，如图 5-10 所示。如果读者所借图书没有逾期，则直接执行"还书"用例即可；如果所借图书逾期后才归还，则读者还需要按规定缴纳一定的罚金才能完成还书的行为。但是，正常的"还书"用例不具备这样的功能，如果更改"还书"用例的设计，则势必会增加系统的复杂性。这时，可以在"还书"用例中增加扩展点，在逾期归还的情况下将执行扩展用例"缴纳罚金"。这种处理方式使得系统更容易被理解，也符合面向对象方法的运作机制。

图 5-9　用例之间的扩展关系　　　　　　图 5-10　用例之间的扩展关系实例

4）泛化关系

泛化是指一个用例可以被列举为一个或多个子用例，当父用例能够被使用时，任何子用例也可以被使用。如果系统中的一个或多个用例是某个一般用例的特殊化时，就需要使用用例的泛化关系。在 UML 中，用例的泛化用一个从子用例指向父用例的三角形箭头表示，如图 5-11 所示。

在用例的泛化中，子用例表示父用例的特殊形式。子用例从父用例处继承行为和属性，还可以添加、覆盖或改变继承的行为。在图书馆管理系统用例图中，父用例是"续借图书"，其两个子用例分别是"网上续借"和"流通台续借"，如图 5-12 所示。

图 5-11　用例之间的泛化关系　　　　　　图 5-12　用例之间的泛化关系实例

3. 图书馆管理系统的用例图

下面以图书馆管理系统的用例分析为例，介绍基于 UML 的用例分析过程。该过程分为确定系统总体信息、确定系统参与者和确定系统用例 3 个步骤。

（1）确定系统总体信息。图书馆管理系统对图书借阅和读者信息进行统一管理，主要处理功能包括读者进行图书信息查询、借书、还书、预约图书、续借图书；图书管理员处理读者借书、还书及续借图书、读者信息查询、图书信息查询；系统管理员进行系统维护，主要有添加书目信息、删除书目信息、更新书目信息、添加图书信息、删除图书信息、更新图书信息、添加用户账户、删除用户账户、更新用户账户、图书信息查询、用户信息查询。系统的总体信息确定之后可以进一步分析系统的参与者。

（2）确定系统参与者。确定参与者首先需要分析系统所涉及的问题域和系统运行的主要任务，这一步主要分析使用该系统的是哪些人？谁需要该系统的支持完成其工作？系统的管理和维护由谁来完成？

通过对图书馆管理系统的需求分析可以确定以下几点。

① 图书馆主要是为读者服务的，读者的参与必不可少。读者完成的首要功能是借书、还书的操作。另外，读者可以进行登录系统、查询图书信息、完成预约、续借图书的操作。

② 对于图书馆管理系统来说，读者所发出的借书、还书操作还需要图书管理员来进行处理，另外对逾期罚款、丢失赔偿的处理也需要图书管理员来完成。

③ 作为一个管理信息系统，信息系统相当重要，维护相关的操作主要包括添加书目信息、删除书目信息、更新书目信息、添加图书信息、删除图书信息、更新图书信息、添加用户账户、删除用户账户、更新用户账户、图书信息查询、用户信息查询等。

通过以上分析可以看到，系统的主要参与者分为 3 类：读者、图书管理员和系统管理员。需要注意的是在确定系统参与者的过程中，不能把参与者列成如张三、李四这样具体的人，而应该标识这些人的角色。另外，在一个系统中同一个人可以有多个特定的角色，这一点在前面也已经强调过。理解和确定系统所有可能使用的角色是很重要的。

（3）确定系统用例。确定系统用例有两个切入点，最常用的方法是使用事件表。我们分析事件表的每个事件以确定系统支持这个事件的方式，初始化这个事件的参与者，以及由于这个事件而可能出发的其他用例。通常，每个事件都是一个用例，但有时一个事件可能产生多个用例。确定系统用例的另一个切入点是确定所有使用系统的参与者，这部分内容在上一步已经介绍了。

针对图书馆管理系统，由于存在读者、图书管理员和系统管理员 3 个角色，所以在用例分析的过程中可以把系统分为 3 个用例图分别加以考虑。下面分别介绍这 3 种参与者的相关用例。

1）读者请求服务的用例

① 登录系统。

② 查询个人借阅信息。

③ 更新个人信息。

④ 查询图书信息。

⑤ 借出图书。

⑥ 归还图书。

⑦ 预约图书。

⑧ 续借图书。

⑨ 逾期缴纳罚金。

读者请求服务的用例图如图 5-13 所示。

图 5-13　读者请求服务的用例图

　　事实上，随着系统分析的进一步深入，我们会发现在现实世界中所说的由读者完成的借书和还书过程在图书馆管理系统中是由图书管理员协助完成的，这种人工处理与电子处理的转化是我们在系统分析中需要认真考虑的。

　　2）图书管理员处理服务的用例

　　① 处理读者借出图书。

　　② 处理读者归还图书。

　　③ 处理读者续借图书。

　　④ 处理图书逾期罚款。

　　⑤ 处理图书丢失赔偿。

　　⑥ 验证读者账户。

　　⑦ 删除图书预约信息。

　　图书管理员处理服务的用例图如图 5-14 所示。

图 5-14　图书管理员处理服务的用例图

　　3）系统管理员进行系统维护的用例

　　① 查询用户（读者、图书管理员、系统管理员）信息。

② 添加用户信息。

③ 删除用户信息。

④ 更新用户信息。

⑤ 查询图书信息。

⑥ 添加图书信息。

⑦ 删除图书信息。

⑧ 更新图书信息。

⑨ 查询书目信息。

⑩ 添加书目信息。

⑪ 删除书目信息。

⑫ 更新书目信息。

系统管理员进行系统维护的用例图如图 5-15 所示。

图 5-15 系统管理员进行系统维护的用例图

5.3.3 对象交互——图书馆管理系统的交互图

用例图表明了系统参与者与用例的关系，明确了系统边界和系统功能。系统内部各对象之间如何交互则需要用协作图和顺序图来描述。事实上，协作图和顺序图包含相同的信息，但它们的侧重点稍有不同。协作图强调对象交织在一起来支持一个用例，而顺序图把重点放在消息本身的细节上。使用自顶向下方法进行分析，可以先画协作图以得到协作执行一个用例的所有对象的概观；而使用自底向上方法往往先画顺序图。但是，两者都是有用的模型，一个合格的系统分析员应该理解并掌握这两种模型。虽然顺序图比协作图稍微复杂一些，但它在行业里用得更多。下面首先介绍顺序图，然后再介绍协作图。

由于用例图不显示系统的流入、流出及其内部消息，为了在面向对象建模过程中定义信息流，需要进入下一层，即交互图。交互图把类图中的对象和用例图中的参与者结合在一起，用特定的顺序图记录用例或场景的信息流，顺序图把在类图中确定的类和用例联系起来。

1. 顺序图的基本构成

顺序图描述了对象之间传递消息的时间顺序。它包含 4 个元素，分别是对象、生命线、消息和激活。

在 UML 中，顺序图将交互关系表示为二维图。其中，纵轴代表时间，时间沿竖线向下延伸；横轴代表在协作中各个独立的对象。当对象存在时，生命线用一条虚线表示，当对象的过程处于激活状态时，生命线用一个长条矩形表示。消息用箭头表示，从一个对象的生命线指向另一个对象的生命线，箭头按时间顺序在图中从上到下排列。

下面以图书馆管理系统中读者预约图书的顺序图为例，如图 5-16 所示。首先，读者对象向书目对象发送"查询书目信息"的消息，以确认是否有这种图书，然后，由书目对象向图书对象发送"查询图书信息"消息，以确认该种图书的可预约状态，图书对象使用"返回确认结果"消息，把可预约状态发送给读者对象，读者对象向预约列表对象发送"添加预约信息"消息，完成一次预约图书的过程。为了方便读者理解，这里使用了中文文字对对象和消息进行了描述，随着建模过程的细化，这些对象和消息将用更接近开发平台的语法形式描述出来。

图 5-16　读者预约图书的顺序图

2．如何开发顺序图

为了用正确的思维过程来开发顺序图，必须先了解面向对象方法程序的执行过程。一个面向对象的程序包含一组交织在一起的对象，并且每个对象的属性通常是隐藏的或私有的。为了看到和修改任何属性，必须给对象发送消息请求服务。在一个对象内的程序逻辑只在这个对象的属性和部件内工作。例如，为了更新读者姓名，就要对这个读者对象发送消息，该消息可以描述为"请使用我们发送的消息更新该读者对象的姓名"，这个消息的语法可以表示为"updateReader（更新读者）"。

又例如，系统管理员新增一条读者信息后，系统将在读者列表中增加一行条目，我们给读者类发送创建（Create）消息并带上需要的参数。Create 方法就可以激活并创建一个新的读者对象。

开发顺序图要遵循以下步骤。

（1）确定所有与场景有关的对象和参与者。只使用在用例图中标识过的参与者，只使用在类图中标识过的对象。如果要使用以前的图中没有定义的对象或参与者，则要更新那些图。

（2）基于活动流确定每一个需要用于完成场景的消息。同时，标识消息的源对象或参与者和目的对象或参与者。对于初学者来说，可能不习惯于用面向对象的概念进行思考。需要记住的是，对象只能对它自己进行操作。例如，如果想查看借书条目的数量时，只有借书列表对象本身可以做这件事，读者对象、图书对象及其他对象和参与者都不能做这件事。

另外，标识消息的源可能显得更困难一些，可以采纳一些准则来帮助我们识别消息的源。

① 识别需要服务的对象。

② 识别有权访问所需输入参数的对象。

③ 如果在类图中有一对多的关联关系，则通常在一端的对象会创建并发送消息给许多其他端的对象。

当在类中存在独立/依赖关系时，第三个准则总是正确的。例如，预约列表在没有预约发生时不可能存在，即预约列表依赖于图书和读者的关系。在这种情况下，总是要通过独立的类（读者）给依赖的类（预约列表）发送消息，这一点从图5-16读者预约图书的顺序图中可以看出。

（3）正确地为这些消息排序并把它们附在合适的参与者或对象的生命线上。

（4）给消息加上形式化语法以描述条件、消息名及要传递的参数。

3．图书馆管理系统中的顺序图

图书馆管理系统涉及多个用例，而每个用例内部又通过多个对象的交互来完成业务逻辑。下面介绍图书馆管理系统中主要用例相关的顺序图。

（1）图书管理员处理借书的顺序图，如图5-17所示。

图5-17　图书管理员处理借书的顺序图

（2）图书管理员处理还书的顺序图，如图5-18所示。

（3）读者续借图书的顺序图，如图5-19所示。

（4）读者预约图书的顺序图，如图5-16所示。

4．图书馆管理系统中的协作图

协作图的主要作用是快速浏览相互协作，用来支持一个特定场景的所有对象。协作图的参与者、对象和消息都使用了与顺序图相同的符号，只是没有使用生命线符号，而使用了一个不同的符号——链接符号。由于没有生命线表明场景消息的时间，所以用数字序号来显示每一个消息的顺序。在对象之间或在参与者与对象之间的连线表示链接。在一个协作图中，链接表示两个对象共享一个消息——一个发送消息或一个接收消息。连线在本质上仅仅用于传递消息，可以把它们想象为用于传输消息的线缆。协作图的重点是描述参与者和对象之间的协作，尽管图中也包含了消息信息，但它的重点仍然是协作本身。

图 5-18　图书管理员处理还书的顺序图

图 5-19　读者续借图书的顺序图

下面给出图书馆管理系统中的协作图，请读者与对应的顺序图对比来体会两种图的区别和联系。

（1）图书管理员处理借书的协作图，如图 5-20 所示。

图 5-20　图书管理员处理借书的协作图

（2）图书管理员处理还书的协作图，如图 5-21 所示。

图 5-21 图书管理员处理还书的协作图

（3）读者续借图书的协作图，如图 5-22 所示。其中○→表示某个消息发送到某个对象后需要返回一个消息结果。

图 5-22 读者续借图书的协作图

（4）读者预约图书的协作图，如图 5-23 所示。

图 5-23 读者预约图书的协作图

5.3.4　对象行为——图书馆管理系统的状态图

顺序图给出了对对象行为的一个客观的分析，它标识了对象发送和接收的消息。但是当一个对象接收到消息时，它应该做些什么呢？这时，需要用到状态图。状态图用来描述对象的内部工作机制，系统类图中的每个类有它自己唯一的状态图，状态图是基于类图和顺序图的信息开发出来的。

在面向对象方法中，对象如何执行动作叫作对象行为。每个对象是类的一个实例，每个对象有完整的生命周期，即从创建到销毁。一个对象在系统中以某种方式开始存在，在它的生命周期中，它处于某种状态并且会从一个状态转换到另一个状态。这些状态及从一个状态到另一个状态的转换会在状态图中显示出来。

1．对象状态和状态转换

对象状态是指对象在生命周期中满足某些标准、执行一些行为或等待一个事件时的存在条件。每个状态有一个唯一的名称。

状态用一个圆角矩形表示，其内部是状态的名称。在某个状态期间需要执行的任何动作都要放在圆角方框内部的状态名称之下。如图5-24所示为两个状态的例子，它是机床状态图的一部分，其中的箭头表示转换。

图5-24　两个状态的例子（机床状态图的一部分）

注意，第一个状态是"空闲"状态，它里面没有包含动作，机器正处于空闲状态，没有做任何事情；第二个状态是"工作"状态，这是一个活动的状态，在这个状态下，机器可以完成装载部件、加工部件和卸载部件的行为。

在图5-24中，使用两个特殊的符号来表明状态图的开始和结束：黑圆圈表示初始状态，表明进入状态图的入口；内部涂黑的同心圆表示结束状态，表示从状态图中退出，通常表示从系统中删除一个对象。

2．如何开发状态图

状态图是新系统的分析员要开发的比较复杂的图，通常，分析员面临的主要问题是如何识别对象的正确状态。把自己假想成一个对象，可能会有些帮助。对于图书馆管理系统来说，假设自己是一位读者并不困难。但是如果说，"我是一本图书"或"我是一次图书借出过程，我如何开始？我处于什么状态？"这对于初学者来说可能是有点困难的。但是，如果开始使用这种方法来思考了，它可能对学会开发状态图有所帮助。记住：开发状态图是一个反复的过程，与开发其他类型的图相比更应该如此。不要要求自己进行一次分析就能得到正确的状态图，状态图都是在分析过程中逐步修改完善的。

在分析过程中遵循以下步骤会对状态图的开发有所帮助。

（1）检查类图并选择需要状态图的类，可以假设所有的类都需要状态图。对于图书馆管理系统来说，可以从具有简单状态图的类开始，如图书类。另外，可以从一个场景或用例内一起工作的几个类开始分析。

（2）标识所选类的全部顺序图的所有输入信息。例如，对于图书馆管理系统，图书类涉及的顺序图包括读者预约图书、读者续借图书及图书管理员处理借还书等。这些用例和场景提供了标识进出类的消息的基础。以此为基础，分析员可以辨别转换的最小集合，以后可能还要加入其他转换，但这个集合是一个很好的起点。

（3）对于每个所选的类，为能辨别的所有状态画一个列表，辨别这些状态并使活动与这些状态相关联。

（4）建立状态图片段并把这些片段按正确的顺序排列。这个过程与开发数据流图片段时所做的工作类似。

（5）回顾路径并查找独立的、并行的路径。

（6）使用适当的消息和行动表达式扩展每个转换，在每个状态中包含适当的内部转换和行动表达式。

3．图书馆管理系统的状态图

本节介绍图书馆管理系统中有明确状态转换的类的状态图，这些类包括图书类和读者类，对象的状态及转换都使用了汉字加以说明，以方便读者理解。

（1）图书对象的状态图，如图 5-25 所示。

（2）读者对象的状态图，如图 5-26 所示。

图 5-25　图书对象的状态图

图 5-26　读者对象的状态图

项 目 小 结

项目 5 分别介绍了面向结构化设计方法及面向对象设计方法，以图书馆管理系统为案例，以面向对象设计方法为重点，运用 UML（统一建模语言），详细描述了对系统行为、对象交互和对象行为几个方面进行建模的过程。

拓 展 训 练

拓展训练任务 1　使用 Rational Rose 绘制图书馆管理系统的用例图

1．训练目的
（1）掌握使用 Rational Rose 绘制用例图的方法。
（2）熟悉系统用例图的分析方法。
2．训练内容
（1）绘制图书馆管理系统的用例图。
（2）完成实训报告。
3．训练内容
（1）新建用例图及定制工具栏。
① 启动 Rational Rose，在 Browser 窗口的树形列表中选择【Use Case】包并用鼠标右键单击，在弹出的快捷菜单中选择【New】|【Use Case Diagram】命令，如图 5-27 所示。

图 5-27　新建用例图

② 在 Browser 窗口中出现【New Diagram】用例图文件名，将【New Diagram】更名为【Library】，如图 5-28 所示，并双击图标，在 Diagram 窗口中出现【Use Case Diagram：Use Case View/ Library】新窗口，可以在该窗口中绘制用例图。
③ 在如图 5-28 所示窗口中，系统根据不同的模型图提供了不同的编辑工具栏。在使用过程中，如果找不到需要使用的操作图标，则可以对工具栏进行定制。定制编辑工具栏的方法如下。

选择【Views】|【Toolbars】|【Configure】命令，弹出【Options】对话框，如图 5-29 所示。

图 5-28 将【New Diagram】更名为【Library】

图 5-29 【Options】对话框

在【Toolbars】选项卡中有多种可供选择的工具栏设置按钮，单击需要设置内容右侧的按钮，可打开相应的【自定义工具栏】对话框，如图 5-30 所示。

图 5-30 【自定义工具栏】对话框

根据需要在该对话框的【可用工具栏按钮】列表框中选择需要添加的按钮图标，单击【添加（A）→】按钮即可将选中的按钮图标添加到当前工具栏中。完成操作后，单击【关闭】按钮即可。

④ 删除当前工具栏上已有按钮图标的方法与以上操作类似，调出如图 5-30 所示对话框，选中【当前工具栏按钮】列表框中需要删除的按钮图标，单击【←删除（R）】按钮即可将选中的按钮图标从当前工具栏中删除。完成操作后，单击【关闭】按钮即可。

（2）向用例图中添加角色。

① 在绘图工具栏中单击表示角色的 ⅄ 按钮，然后用鼠标在绘图区单击即可绘制出一个名为【NewClass】的角色。此时，可将角色名改为【读者】，如图 5-31 所示。

图 5-31　添加角色并命名

② 为角色更名的另一种方法是双击或用鼠标右键单击角色，调出【Class Specification for 读者（角色设置）】对话框，如图 5-32 所示，在其中可对角色进行设置。

（3）建立用例。

① 在绘图工具栏中单击用例按钮 ⬭，然后用鼠标在绘制图区单击即建立了一个名为【NewUseCase】的用例，此时可将其命名为【借书】。

② 另一种对用例更名的方法是双击或用鼠标右键单击用例，调出【Use Case Specification for...（用例设置）】对话框，对用例做进一步的设置。

（4）建立角色、用例及用例之间的关系。角色、用例及用例之间的关系是在系统需求分析阶段定义的。用例图绘图工具栏中提供了两种常用的关系工具：使用 ⌐ 按钮可表示角色和用例之间的关联关系，使用 ↗ 按钮可表示用例之间的依赖关系，如包含、扩展等关系。

① 单击绘图工具栏中的关系按钮，然后在绘图区域连接需要创建关系的图例即可创建一个关系。

② 双击或用鼠标右键单击绘图区中已经建立的关系，可以调出【Association Specification for...（关联关系设置）】对话框，如图 5-33 所示。

图 5-32 【Class Specification for 读者（角色设置）】对话框

图 5-33 【Association Specification for...（关联关系设置）】对话框

拓展训练任务 2　使用 Rational Rose 绘制图书馆管理系统的顺序图

1. 训练目的

（1）掌握使用 Rational Rose 绘制顺序图的方法。

（2）熟悉系统顺序图的分析方法。

2. 训练内容

（1）绘制图书馆管理系统的顺序图。

（2）完成实训报告。

3. 训练内容

（1）新建顺序图及定制工具栏。

① 启动 Rational Rose，在 Browser 窗口内的树形列表中选中【Logical View】包，用鼠标右键单击，在弹出的快捷菜单中选择【New】|【Package】命令，如图 5-34 所示，新建一个包，命名为【图书馆管理顺序图】。

图 5-34 新建顺序图包

② 用鼠标右键单击 Browser 窗口中新生成的包，在弹出的快捷菜单中选择【New】|【Sequence Diagram】命令，如图 5-35 所示，新建一个顺序图，命名为【读者预约图书】。

③ 双击 Browser 窗口中新生成的【读者预约图书】顺序图文件，在 Diagram 窗口中打开该文件，可在该窗口中绘制顺序图。

④ 定制工具栏的方法请参照拓展训练任务 1 中的相关内容。

（2）向顺序图中添加对象。

① 单击绘图工具栏上的 按钮，在绘图区单击即可绘制一个新的对象，用鼠标右键单击该对象，在弹出的快捷菜单中选择【Open Specification...】命令打开【Object Specification for Untitled（对象设置）】对话框，如图 5-36 所示，可对该对象做进一步的设置。

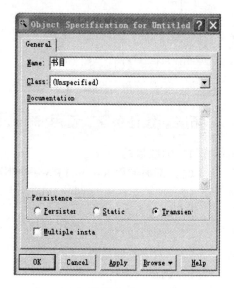

图 5-35　新建顺序图

图 5-36　【Object Specification for Untitled（对象设置）】对话框

② 另一种添加对象的方法是在 Browser 窗口的树形列表中找到相应的所属类，将它们依次拖到绘图区中即可。选中 Browser 窗口中【Use Case View】下的【读者】，然后按住鼠标左键将其拖到绘图区，松开鼠标后即可绘制相应的对象。

（3）添加对象之间的消息。添加对象后，还要在对象之间添加消息。根据消息类型的不同，在绘图工具栏上单击不同的消息按钮后，在绘图区连接两个对象即可。

① 单击绘图工具栏上的 按钮，待鼠标指针变为"↑"形状后，在绘图区表示需要传递消息的对象下方的垂直虚线之间画线连接，松开鼠标之后即绘制出一条连接两个表示对象存在周期的矩形长条之间的消息线，如图 5-37 所示。

② 用鼠标右键单击消息线，在弹出的快捷菜单中选择【Open Specification...】命令或直接双击该消息线，在弹出的对话框中可对消息做进一步的细节设置。

③ 值得一提的是，Rational Rose 各模型之间具有很强的关联性，单击下拉箭头即可显示发出消息对象所具有的一些方法，可以从中选择某个方法来命名当前消息，也可以输入文字来为消息命名。

④ 根据设计的需要，可以在对象之间绘制反消息线和返回消息线。

图 5-37 绘制对象之间的消息线

拓展训练任务 3 使用 Rational Rose 绘制图书馆管理系统的状态图

1. 训练目的

（1）掌握使用 Rational Rose 绘制状态图的方法。

（2）熟悉系统状态图的分析方法。

2. 训练要求

（1）绘制图书馆管理系统的状态图。

（2）完成实训报告。

3. 训练内容

（1）新建状态图及定制工具栏。

① 启动 Rational Rose，在 Browser 窗口内的树形列表中选中【Logical View】包，单击鼠标右键，在弹出的快捷菜单中选择【New】|【Package】命令，如图 5-38 所示，新建一个包，命名为【图书馆管理状态图】。

图 5-38 新建状态图包

② 用鼠标右键单击 Browser 窗口中新生成的包，在弹出的快捷菜单中选择【New】|
【Statechart Diagram】命令，如图 5-39 所示，新建一个状态图，命名为【读者对象状态】。

③ 双击 Browser 窗口中新生成的【读者对象状态】状态图文件，在 Diagram 窗口中打开该
文件，可在该窗口中绘制状态图。

④ 定制工具栏的方法请参照拓展训练任务 1 中的相关内容。

（2）向状态图中添加状态。

① 单击绘图工具栏上的 ● 按钮或 ◉ 按钮，在绘图区单击即可绘制一个开始状态或结束
状态。

② 单击绘图工具栏上的 □ 按钮，在绘图区单击即可绘制一个新的状态，用鼠标右键单击
该状态，在弹出的快捷菜单中选择【Open Specification …】命令打开【State Specification for
NewState（状态设置）】对话框，如图 5-40 所示，可对该状态做进一步的设置。

图 5-39　新建状态图　　　　　　　　　图 5-40　【State Specification for NewState
　　　　　　　　　　　　　　　　　　　　　　　　（状态设置）】对话框

（3）添加状态之间的转换。

① 添加状态后，还要在状态之间添加转换。根据转换类型的不同，在绘图工具栏上单击
不同的转换按钮后，在绘图区连接两个状态即可。其中，使用 ↗ 按钮可表示状态转换，使用 ↻
按钮可表示自身状态转换。如图 5-41 所示为添加了状态转换的状态图。

② 用鼠标右键单击转换线，在弹出的快捷菜单中选择【Open Specification …】命令或直
接双击该转换线，打开如图 5-42 所示的对话框，可对转换做进一步的设置。

拓展训练任务4　学生管理系统练习

1．训练目的

（1）培养学生运用所学软件项目做需求分析的理论知识和技能，以及分析并解决实际应用
问题的能力。

（2）培养学生调查研究，查阅技术文献资料的能力，达到系统设计资料规范、全面的要求。

（3）通过实训，理解结构化的软件设计方法和面向对象软件设计方法。

图 5-41 添加了状态转换的状态图

图 5-42 【State Transition Specification
（设置转换细节）】对话框

（4）掌握数据库设计方法、UML 建模方法，以及概念数据模型设计和物理数据模型设计间的相互转化。

2．训练要求

（1）实训要求根据项目的需求分析对系统的结构、接口、模块等进行设计。针对内容，认真复习与本次实训有关的知识，完成实训内容的预习准备工作。

（2）能认真独立完成实训内容。

（3）实训后，根据设计结果产生设计报告。

3．训练内容——学生管理系统练习

（1）本系统包括学生基本信息管理、学生选课管理、学籍变更管理、学生奖励管理、学生惩罚管理、学生信息查询等基本功能。

（2）设计学生管理信息系统的对象交互。

（3）设计学生管理信息系统的对象行为。

（4）设计学生管理系统的数据结构，包括表名清单、各模块所用的数据表、数据库表之间的关系等。

知识点考核与理解

1．选择题

（1）系统开发的命名规则是（　　）。

A．变量名只能由大小写英文字母、下画线"＿＿"及阿拉伯数字组成

B．名称的第一个字符必须是英文字母或数字

C．全局变量、局部变量的命名必须用英文字母简写来命名

D．数据库表名、字段名等命名应尽量体现数据库、字段的功能

（2）面向事务设计方法首先确定主要的（　　），然后逐层详细描述各个状态的（　　）。

A．转化过程　　　　B．状态变化　　　　C．状态分类　　　　D．转化变化

（3）使用面向对象的设计方法进行对象分析和设计时的步骤是（　　）。

A．识别对象　　　　　B．确定操作　　　　　C．定义操作

D．确定对象之间的通信　　　　　　　　E．完成对象定义

（4）软件建模的3个模型是：（　　）描述系统能做什么；（　　）描述系统在何时、何地、由何角色、按什么业务规则去执行，以及执行的步骤或流程；（　　）描述系统工作前的数据来自何处、工作中的数据暂存什么地方，工作后的数据放到何处，以及这些数据之间的关联。

A．设计模型　　　　　B．数据模型　　　　　C．功能模型　　　　D．性能模型

E．用例模型　　　　　F．业务模型

2．填空题

（1）用例之间的关系包括_____关系、_____关系、_____关系和_____关系。

（2）在面向对象的系统分析中，对象分为3类：_____类、_____类和_____类。

（3）顺序图描述了对象之间传递消息的时间顺序。它包含4个元素，分别是_____、_____、_____和_____。

（4）在状态图的开发中，内部状态的3个版本分别是：_____、_____和_____。

3．简答题

（1）在用例图的开发过程中如何识别参与者和场景？如何确定用例之间的关系？

（2）如何开发顺序图？

（3）如何开发状态图？

项目 6　软件项目详细设计

概要设计完成了软件系统的总体设计,规定了各个模块的功能及模块之间的联系,下一步就要考虑实现各个模块规定的功能。从软件开发的工程化观点来看,在使用程序设计语言编制程序之前,需要对所采用算法的逻辑关系进行分析,设计出全部必要的过程细节,并给予清晰的表达,使之成为编码的依据。

项目要点:

● 通过本项目的学习,能够使读者了解软件项目详细设计的概念和方法;
● 了解概要设计与详细设计的差异;
● 掌握面向对象的详细设计方法。

任务 6.1　系统详细设计的基本内容

项目 5 讲述了软件的概要设计,给出了项目的一个总体实现结构。在将概要设计变为代码之前还需要经历一个阶段,即详细设计阶段,它是进行详细模块设计的过程,这个过程将概要设计的框架内容具体化、细致化,对数据处理中的顺序、选择、循环这 3 种控制结构,用伪语言(if…endif,case…endcase,do…enddo)或程序流程图表示出来。详细设计的目标是构造一个高内聚、低耦合的软件模型。

6.1.1　详细设计概述

简而言之,详细设计也称程序设计,它不同于编码或编制程序,在详细设计阶段,要决定各个模块的实现方法,并精确地表达涉及的各种算法。详细设计需要给出适当的算法描述,为此应当采用恰当的表达工具。

在理想状态下,算法过程描述应采用自然语言来表达,从而使不熟悉软件的人能较容易地理解这些规格。但是,自然语言在语法和语义上往往具有多义性,因此,必须使用约束性更强的方式来表达过程细节。

表达过程规格说明的工具叫作详细设计工具,它可以分为如下 3 类。

(1)图形工具。把过程的细节用图形方式描述出来。

(2)表格工具。用一张表来表达过程细节,这张表列出了各种可能的操作及其相应条件,也就是描述了输入、处理和输出信息。

(3)语言工具。用某种高级语言(伪码)来描述过程细节。

6.1.2　详细设计的基本任务

在详细设计过程中需要完成的工作主要是,确定软件各个组成部分的算法及各部分的内部数据结构和确定各个组成部分的逻辑过程,此外,还要做以下工作。

1.　处理方式的设计

(1)数据结构的设计。对需求分析、总体设计确定的概念性的数据类型进行确切的定义。

（2）算法设计。用图形、表格、语言等工具将每个模块处理过程的详细算法描述出来，并为实现软件的功能需求确定所必需的算法，评估算法的性能。

（3）性能设计。为满足软件系统的性能需求确定所必需的算法和模块间的控制方式。

性能主要有以下 4 个指标。

① 周转时间。即一旦向计算机发出处理的请求后，从输入开始，经过处理输出结果为止的整个时间。

② 响应时间。用户执行一次输入操作之后到系统输出结果的时间间隔，一般在系统设计中采用一般操作响应时间和特殊操作响应时间来衡量。

③ 吞吐量。在单位时间内能够处理的数据量叫作吞吐量，这是标志系统能力的指标。

④ 确定外部信号的接收/发送形式。

2．物理设计

对数据库进行物理设计，也就是确定数据库的物理结构。物理结构主要是指数据库存储记录的格式、存储记录安排和存储方法，这些都依赖于具体所使用的数据库系统。

3．可靠性设计

可靠性设计也称质量设计。在使用计算机的过程中，可靠性是很重要的。可靠性不高的软件会使得运行结果不能使用而造成严重损失。软件可靠性，简而言之是指程序和文档中的错误少。软件可靠性和硬件不同，软件越使用，可靠性就越高，但在运行过程中，为了适应环境的变化和用户新的要求，需要经常对软件进行改造和修正，这就是软件的维护。由于软件的维护经常产生新的故障，所以要求在软件开发期间就把工作做细，以期在软件开发一开始就要明确其可靠性和其他质量标准。

4．其他设计

根据软件系统的类型，还可能需要进行以下设计。

（1）代码设计。为了提高数据的输入、分类、存储及检索等操作的效率，以及节约内存空间，对数据库中的某些数据项的值进行代码设计。

（2）输入/输出格式设计。针对各个功能，根据界面设计风格，设计各类界面的式样。

（3）人机对话设计。对于一个实时系统，用户与计算机频繁对话，因此要进行对话方式内容及格式的具体设计。

5．编写详细设计说明书

详细设计说明书有下列主要内容。

（1）引言。包括编写目的、背景、定义、参考资料。

（2）程序系统的组织结构。

（3）程序 1（标志符）设计说明。包括功能、性能、输入、输出、算法、逻辑流程、接口。

（4）程序 2（标志符）设计说明。

（5）程序 N（标志符）设计说明。

6．详细设计的评审

概要设计阶段以比较抽象概括的方式提出了解决问题的办法。详细设计阶段的任务是将解决问题的办法进行具体化，详细设计主要是针对程序开发部分来说的，但这个阶段不是真正的编写程序，而是设计出程序的详细规格说明。

详细设计是将概要设计的框架内容具体化、明晰化，将概要设计转化为可以操作的软件模型。

6.1.3 详细设计方法

详细设计首先要对系统的模块做概要性的说明，描述每个模块之间的关系及如何实现算法等，主要包括模块描述、算法描述、数据描述。

（1）模块描述：描述模块的功能及需要解决的问题，这个模块在什么时候可以被调用，为什么需要这个模块。

（2）算法描述：在确定模块存在的必要性之后，需要确定实现这个模块的算法，描述模块中的每个算法，包括公式、边界和特殊条件，甚至包括参考资料、引用的出处等。

（3）数据描述：详细设计应该描述模块内部的数据流，对于面向对象的模块，主要描述对象之间的关系。

1. 传统的详细设计方法

传统的用来表达详细设计的工具主要包括图形工具（程序流程图）、表格工具（判定表）、语言工具（PDL）等。

1）图形符号的设计方式

流程图（Flowchart）是用图形化的方式，表示程序中一系列的操作及执行的顺序。流程图的表示元素如表 6-1 所示。

表 6-1 流程图的表示元素

名 称	图 例	说 明
终结符		表示流程的开始与结束
处理		表示程序的设计步骤或处理过程，在方框内填写处理名称或程序语句
判断		表示逻辑判断或分支，用于决定执行后续的路径，在菱形框内填写判断的条件
输入/输出		获取待处理的信息（输入），记录或显示已处理的信息（输出）
连线		连接其他符号，表示执行顺序或数据流向

常见流程图的结构如图 6-1 所示。

（a）顺序结构　　　　（b）选择结构　　　　（c）while循环　　　（d）until循环

图 6-1 常见流程图的结构

2）表格的设计方式

在很多的软件应用中，一个模块需要对一些条件和基于这些条件下的任务进行复杂的组合。决策表（Decision Table）提供了将条件及其相关的任务组合为表格的一种表达方式。如表 6-2 所示是一个三角形的应用系统的决策表，该表左上区域列出所有的条件，左下区域列出了基于这些条件组合对应的任务，右边区域是根据条件组合而对应的任务的矩阵表，矩阵的每个列可以对应应用系统中的一个处理规则。

表 6-2　三角形的应用系统的决策表

条　件	规　则　1	规　则　2	规　则　3	规　则　4	规　则　5	规　则　6
C1：a,b,c 构成三角形	N	Y	Y	Y	Y	Y
C2：a=b?		Y	Y	N	Y	N
C3：a=c?		Y	Y	Y	N	N
C4：b=c?		Y	N	Y	N	N
动　作	处　理　1	处　理　2	处　理　3	处　理　4	处　理　5	处　理　6
A1：非三角形	X					
A2：不等边三角形						X
A3：等腰三角形					X	
A4：等边三角形		X				
A5：不可能			X	X		

3）程序设计语言

程序设计语言（Program Design Language）也称为伪代码，它使用结构化编程语言的风格描述程序算法，但不遵循特定编程语言的语法。程序设计语言允许用户在此代码更高的层次上进行设计，通常省略与算法无关的细节。

例如，使用 PDL 描述打印 N！的流程如下：

```
读入 N
置 F 的值为 1，置 M 的值为 1
当 M<=N 时，执行：
使 F=F*M
使 M=M+1
打印 F
```

2．面向对象的详细设计

面向对象的详细设计要从概要设计的对象和类开始，同时对它们进行完善和修改，以便包含更多的信息项。详细设计阶段同时要说明每个对象的接口，规定每个操作的操作符号、对象的命名、每个对象的参数、方法的返回值，还要考虑系统的性能和空间要求等。

1）算法和数据结构的设计

算法是设计对象中每个方法的实现规格，当方法（操作）比较复杂的时候，算法实现可能需要模块化。

数据结构的设计与算法是同时进行的，因为这个方法（操作）要对类的属性进行处理。方法（操作）对数据进行的处理主要包括 3 种类型：对数据的维护操作（如增、删、改等）、对数据进行计算、监控对象事件。

2）模块和接口

因为决定软件设计质量非常重要的一个方面是模块，所有模块最后组成了完整的程序，其中复杂的部分也可以进行再模块化。同时我们还要定义对象之间的接口和对象的总结构。模块和接口设计应当用类似编程语言的方式表达出来。

下面以手工结账单为例加以说明，如图 6-2 所示。在软件应用系统中，需要由一个屏幕界面来完成这个功能，为了完成这个功能，需要包含更多的类。结账界面的设计如图 6-3 所示。

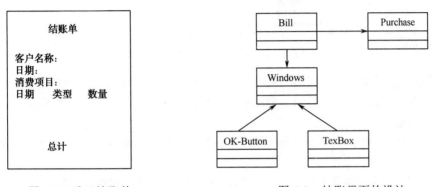

图 6-2 手工结账单 　　　　　　图 6-3 结账界面的设计

任务 6.2 图书馆管理系统的详细设计

在面向对象的系统设计中所用到的模型主要有包图、类图和设计类图。包图是一个高层图，它通过给出哪个类应该包括在哪个子系统中来记录子系统。包图的信息主要来源于用例图和类图。类图是运用面向对象方法，对问题域和系统责任进行分析和理解，对其中的事物及事件产生正确的认识，找出描述问题域及系统责任所需的类和对象，并定义这些对象的属性和操作及它们之间的静态和动态关系的一种模型，它可以清晰地描述系统所涉及的事物、属性和方法。设计类图是对类图的扩展，它增加了属性和方法等细节。设计类图的输入信息来源于类图、交互图及状态图。

6.2.1 系统包图

包图在概念上与结构化方法的系统流程图很相似，其目标是标志一个完整系统的主要部分。在一个大的系统中，通常要把系统分成很多子系统，每个子系统的功能之间都是独立的。

如图 6-4 所示为图书馆管理系统的一个简单的包图实例，3 个子系统是在用例图的基础上绘出的，在包图中只使用两个符号：标志框和虚线箭头。标志框标志子系统和主系统，将子系统包围在主系统中，表示它是主系统的一部分，子系统可以安排到任何一层，但不允许重叠，换句话说，一个子系统不能同时是两个高层系统的一部分。

虚线箭头表示依赖关系。箭头的尾部表示被依赖的包，而头部是独立的包。沿着箭头阅读包图是最简单的方法。在图 6-4 中，图书流通管理子系统就依赖于系统管理子系统。

6.2.2 类的类型及类之间的关系

在面向对象的系统分析阶段，用类图描述参与者与系统之间的关系及系统的功能，但它并没有反映系统的内部视图。在设计阶段需要进一步细化内部机制，这时需要用到类图。

图 6-4　图书馆管理系统的包图实例

一个系统可以看成是由一些不同类型的对象所组成的，对象及类之间的关系反映了系统内部各种成分之间的静态结构。类图主要用来描述系统中各种类之间的静态结构。

1．类的类型

在面向对象的系统中，对象分为 3 类：实体类、边界类和控制类。通过这些对象的合作来实现用例。

（1）实体类：表示的是系统领域的实体，实体对象具有永久性并且存储在数据库中，如表、记录或字段等。项目 4 中介绍的图书类和读者类就属于实体类。一般来说，实体类对应于数据表记录的封装，即该类的一个实例对应于数据表中的一条记录。实体类通常只有一些标准的方法。

（2）边界类：是系统的用户界面，直接和系统的外部角色交互，与系统进行系统交流。对于边界类，分析阶段不必深究用户界面的每个窗口部件，只要能说明通过交互能实现的目标就可以了。

（3）控制类：用来控制系统中对象之间的交互，类似于用来实现一个完整用例的"控制器"。通常，这样的对象仅存在于该用例执行期间。

2．类之间的关系

类图不仅定义了系统中的类，还表示了类之间的关系。类之间具有关联、聚合、泛化和依赖等关系。

（1）关联表示两个类之间存在某种语义上的关系。例如，书目和图书之间具有一对多的关联关系。

（2）聚合表示类之间的关系。例如，项目 4 中介绍的计算机类和键盘类、鼠标类等的关系。

（3）泛化是指类之间的一般和特殊的关系。例如，用户类和读者类、读书管理员类、系统管理员类之间就存在泛化关系。

（4）依赖表示两个或多个模型元素语义之间的关系，它表示一个类的变化影响到另一个类。例如，用户类和权限类就存在依赖关系。

6.2.3　图书馆管理系统的类图

对于图书馆管理系统，经过初步分析，应包含如下几个实体类：用户（包括系统管理员、图书管理员和读者）、书目、图书以及预约列表、借书列表，如图 6-5 所示。该图表示出它们的类及它们之间的关系。

图 6-5 给出的只是功能相关的较为抽象的类及其之间的关系，随着系统设计的进一步细化，还需要进一步描述系统的功能需求，包括系统边界类图、用户界面，以及与其他软件和硬件的接口等。图 6-5 只是给出了一般的图书馆管理所涉及的类及其相互关系，对于具体的图书馆运作管理，如高校图书馆，读者类可以进一步细化为两个子类，即教师读者类和学生读者类。此外，对于复杂的业务逻辑可以抽象为控制类，用控制图加以描述。对于类的设计，在最初阶段需要重点把握的是关系系统全局的实体类的设计。对于边界类和控制类，尤其是它们的细节，不必过分深究，而且类的属性、方法，以及类之间的关联也不是一成不变的，随着设计的深入将逐步修正。这个阶段的类抽象层次较高，主要用来描述系统要实现的功能。在设计的细化阶段把类扩展为设计类，把类的属性、操作、参数及类型与具体的实现环境相关联。

图 6-5 图书馆管理系统的类图

6.2.4 设计类图的开发

设计类图是类图的一个变体。类图表示一系列的类及它们之间的关系。因为分析阶段是一个发现需求的过程，所以一般很少关心属性和方法的细节。在面向对象程序设计中，类的属性有一个特征称为可见性，它表示其他类是否可以访问该属性。每个属性都有类型定义，如字符型或数字型。在设计阶段将细化这些项，并且定义要传给方法的参数、方法的返回值及方法的内部逻辑。因此，虽然设计阶段和分析阶段的类图很相似，但设计阶段的类图更完备。通过从状态图和顺序图中获得信息集成到类图中就完成了设计类图的设计。

下面通过实例介绍设计类图的设计过程。

1．决定需要设计的类

这里选择图书馆管理系统的读者类（Reader）作为要设计的设计类。为完成这一步，设计者还要建立属性列表，这里包括 ReaderID/UserID（读者编号）、ReaderName（读者姓名）、ReaderGender（读者性别）、ReaderEmail（读者电子邮件）、ReaderType（读者类型）等。

2．找到属于这个类的所有方法

类中的方法一般是通过传给该类的消息所调用的，因此，为识别该类的所有方法，只需观察所有的顺序图，并找到所有要传入 Reader 中的消息，用尽可能多的有用信息来详细描述设计类，包括消息名、传递的参数及返回值。如表 6-3 所示为搜索所有与读者有关的顺序图后找到的消息列表，其中第一列中列出了相应的消息，第二列列出了根据消息转化而来的方法，第三列对这些方法的功能做出了简要解释。

表 6-3　读者类的消息和方法

消　　息	方　　法	功　　能
CreateQuery()	CreateQuery(query information)	查看图书信息
CheckBookStatus()	CheckBookStatus(book status)	检测图书状态（能否预约/续借）
CheckReaderStatus()	CheckReaderStatus((book status)	检测读者状态（能否超期超量）
RenewBook()	RenewBook(book information)	续借图书
EngageBook()	EngageBook(book information)	预约图书

3．详细描述带有逻辑的方法

要完成详细描述带有逻辑的方法必须从状态图中获取信息，状态图中的状态转换都是由触发器引起的。触发器表示传给某个对象的一个消息。因此，所有顺序图中的消息都要对应一个对象状态图中的转换。如果没有转换，状态图就不可能定义如何处理输入消息。我们将读者顺序图和状态图信息进行整合后得到了读者设计类图，如图 6-6 所示。

Reader
-ReaderID -ReaderType -ReaderName -ReaderGender -ReaderEmail
+CreateQuery() +CheckBookStatus() +CheckReaderStatus() +RenewBook() +EngageBook()

图 6-6　读者设计类图

这时，可以对比设计类图和类图之间的差异，正如上面提到的，设计类图是整合了顺序图和状态图的丰富了设计细节的类图，此时的设计类的属性和方法不仅反映基于事物和事件的特征和交互行为，也更接近于系统实施的要求，因为属性和方法都被赋予了适合于编程的数据类型和逻辑功能。在 Rational Rose 中，完成设计类图（如图 6-6 所示的读者设计类图）之后，可以使用正向工程生成基于选定开发平台（如 J2EE、VC 等）的框架代码，程序员根据系统设计人员提供的具体算法逻辑实现来完成具体的编程工作。

任务 **6.3**　用户界面设计

6.3.1　用户界面设计的特点

用户界面设计的总原则是：以人为本，以用户的体验为准。一个好的用户界面应具有以下特性：可使用性、灵活性、复杂性与可靠性。

1．可使用性

用户界面的可使用性是用户设计最重要的目标，它包括以下内容。

（1）使用的简单性。这要求用户界面能够很方便地处理各种基本对话。例如，问题的输入格式应该使用户易于理解，附加的信息量少，并且自动化程度高，操作比较简便，能按用户要求的表格（或图形）输出或把计算结果反馈到用户指定的媒体上。

（2）用户界面中的术语标准化和一致性。要求所有专业术语都应标准化；软件技术用语应符合软件面向专业的专业标准；在输入/输出说明里，同一术语的含义完全一致。

（3）拥有 HTML 帮助功能。用户应能从 HTML 功能中获知软件系统的所有规格说明和各种操作命令的用法，在任意时间、任何位置上为用户提供帮助信息。这种信息可以是综述性信息，也可以是与所在位置上下文有关的针对性信息。

（4）快速的系统响应和低的系统成本。一般在与较多的硬件设备和其他软件系统连接时，会导致较大的系统开销，好的用户界面应在此情况下有较快的响应速度和较小的系统开销。

（5）用户界面应具有容错能力、错误诊断功能。应能检查错误并提供清楚、易理解的报错信息，包括出错位置、修改错误的提示或建议等。应具备修正错误的能力，还要有出错保护，以防止用户得到他不想要的结果。

2．灵活性

（1）算法的可隐/可显性。考虑到用户的特点、能力、知识水平，应当使用户接口能够满足不同用户的要求。因此，对不同的用户，应有不同的界面形式。但不同的界面形式不应影响任务的完成，用户的任务只应与用户的目标有关，而与界面方式无关。

（2）用户可以根据需要定制和修改界面形式。在需要修改和扩充系统功能的情形下，能够提供动态的对话方式，如修改命令、设置动态的菜单等。

（3）系统能够按照用户的希望和需求，提供不同详细程度的系统响应信息，包括反馈信息、提示信息、帮助信息、出错信息等。

（4）与其他软件系统一样应有标准的界面。为了使得用户界面具有一定的灵活性，需要付出一定的代价，还要求系统的设计更加复杂，而且有可能降低软件系统的运行效率。

3．复杂性与可靠性

（1）用户界面的规模和组织的复杂程度就是界面的复杂性。在完成预定功能的前提下，应当使得用户界面越简单越好，但也不是把所有功能和界面安排成线性序列就一定简单。例如，系统有 64 种功能，安排成线性序列，有 64 种界面，用户不得不记忆大量的、单一的命令，难以使用。但是，可以把系统的功能和界面按其相关性质和重要性，进行逻辑划分，组织成树形结构，把相关的命令放在同一分支上。

（2）用户界面的可靠性是指无故障使用的间隔时间。用户界面应能保证用户正确、可靠地使用系统，保证有关程序和数据的安全性。

6.3.2 用户界面设计的基本类型和基本原则

1．用户界面设计的基本类型

如果从用户与计算机交互的角度来看，用户界面设计的类型主要有问题描述语言、数据表格、图形与图标、菜单、对话及窗口等。每一种类型都有不同的特点和性能。因此，在选用界面形式的时候，应当考虑每种类型的优点和限制。通常，一个界面的设计使用了一种以上的设计类型，其中每种类型与一个或一组任务相匹配。

2．用户界面设计的基本原则

在设计阶段，除了设计算法、数据结构等内容外，一个很重要的部分就是系统界面的设计。系统界面是人机交互的接口，包括人如何命令及系统如何向用户提交信息。一个设计良好的界面使得用户更容易掌握系统，从而增加用户对系统的接受程度。此外，系统用户界面直接影响了用户在使用系统时的情绪。下列情形无疑会使用户感到厌倦和茫然。

（1）过于花哨的界面，使用户难以理解其具体含义，不知从何下手。

（2）模棱两可的提示。

（3）长时间（超过 10s）的反应时间。

（4）额外的操作（用户本意是只做这件事情，但是系统除了完成这件事之外，还做另外的事情）。

与之相反，一个成功的用户界面必然是以用户为中心的、集成的和互动的。

3．用户界面设计的基本方法

下面介绍用户界面设计的基本方法。

1）描述人和他们的任务脚本

对人员分类之后，确定每一类人员的特征，包括使用系统的目的、特征（年龄、教育水平、限制等）、对系统的期望（必须/想要，喜欢/不喜欢/有偏见）、熟练程度、使用系统的任务脚本。依据这些特征，可以更准确地把握系统的人机交互设计。

2）设计命令层

命令层的设计包括 3 个方面的工作：研究现有的用户交互活动的寓意和准则，建立一个初始化的命令层，细化命令层。

在图形用户界面的设计过程中，已经形成了一些形式的或非形式的准则和寓意，如菜单排列（例如，在几乎所有的 Windows 应用系统中，前三个一级菜单项总是"文件""编辑""视图"，而最后两个则是"窗口""帮助"），一些操作（例如，打开文件、保存文件、打印）等的图形隐喻等。遵循这些准则，便于用户更快地熟悉系统。

在细化命令层时，需要考虑排列，整体与部分的组合、宽度与深度的对比、最小操作步骤等问题，一个层次太"深"的命令项目会让用户难以发现，而太多命令项目则使用户难以掌握。

3）设计详细的交互

人机交互的设计有若干准则，包括以下内容。

（1）保持一致性。采用一致的术语、一致的步骤和一致的活动。

（2）操作步骤少，使敲击键盘和单击鼠标的次数减到最少。

（3）不要"哑播放"，长时间的操作需要告诉用户进展的情况。

（4）闭包，用一些小步骤引出定义良好的活动，用户应该感觉到他们活动中的闭包意义。

（5）错误恢复，通常在发生错误时，系统应该支持恢复原状，或者至少是部分支持。

（6）减少人脑的记忆负担，不应该要求人从一个窗口记忆或者写下一些信息然后在另外一个窗口中使用。

（7）增加学习的时间和效果，为更多的高级特性提供联机参考信息。

（8）增加趣味和吸引力，人们通常喜欢使用那些让他们感到有趣的软件。

4．继续做原型

通过做原型系统，可以直接了解用户对设计界面的反映，然后进行改善，使之日臻完善。

5．设计用户界面类

在完成上面的工作后，就可以着手设计用户界面类。在开发 GUI 程序时，通常已经提供了一系列通用界面类，如窗口、按钮、菜单等，只要从这些类派生特定的子类即可。

6. 依据现有图形用户界面进行设计

基于现有图形用户界面开发应用软件可以使界面的设计简单化，但是事先要清楚其特性，如事件处理方式等。

6.3.3 图书馆管理系统的界面设计

一个友好完善的界面不仅能够方便系统的使用者，而且能够使各个模块之间的划分明确，结构更趋于完善。一个好的界面的设计工作在进行系统开发时是必不可少的，也是十分重要的。下面就对图书馆管理系统的界面设计进行详细的描述。

1. 用户登录界面设计

利用用户登录功能实现对用户权限的限制。图书馆管理人员和学生的权限不一样，不同的身份进入不同的界面，完成不同的功能。图书馆管理人员进入图书馆管理主界面，学生进入图书馆服务系统主界面。用户必须输入正确的密码才能进入下一个界面，如果密码输入错误，应用程序会提示错误信息。用户如果连续 3 次输入错误，则应用程序会强迫使用者退出并终止应用程序的运行。用户登录界面如图 6-7 所示。

2. 图书馆管理系统主界面设计

图书馆管理系统主界面主要实现修改学生记录、修改图书记录、修改密码设置和报表管理等功能。单击该界面中的不同按钮，就会进入实现不同功能的界面。图书馆管理系统主界面如图 6-8 所示。

图 6-7 用户登录界面

图 6-8 图书馆管理系统主界面

3. 修改图书记录界面设计

修改图书记录界面主要由图书馆管理员来插入、删除、编辑、查询图书资料。在完成一个或多个图书记录的修改后，触发【退出】按钮的 Click 事件返回主界面。修改图书记录界面如图 6-9 所示。

图 6-9 修改图书记录界面

4．修改学生记录界面设计

修改学生记录界面主要由图书馆管理员用来插入、删除、编辑、查询学生资料。在完成一个或多个学生修改记录后，触发【退出】按钮的 Click 事件返回主界面。修改学生记录界面如图 6-10 所示。

图 6-10　修改学生记录界面

5．生成预约图书报表界面设计

预约图书报表界面主要供图书馆管理员浏览和打印学生预约图书的数据资料，以便及时地进行操作，生成预约图书报表的功能，完成对当时预约图书的统计，生成相应的报表。在此报表中显示预约图书的书号、书名、作者，预约此图书学生的学号、姓名、所在班级等信息。预约图书报表界面如图 6-11 所示。

图 6-11　预约图书报表界面

6．生成催还图书报表界面设计

催还图书报表界面主要供图书馆管理员浏览和打印学生过期不还图书的数据资料，以便及时地通知学生归还图书。生成催还图书的报表和生成预约图书报表的功能类似，它用来完成对当时过期未还图书的统计，生成相应的报表。在此报表中显示过期图书的书号、书名、作者，借阅此图书的学生的学号、姓名、所在班级等信息。催还图书报表界面如图 6-12 所示。

7．修改密码设置界面设计

修改密码设置界面主要由图书馆管理员用来修改管理员或学生的登录密码。在完成密码修改后，触发【返回】按钮的 Click 事件返回主界面，修改密码设置界面如图 6-13 所示。

8．图书服务系统主界面设计

图书馆服务系统主界面主要实现学生查询、借阅、预约图书，查询个人借阅情况和归还图书的功能。单击该主界面中不同按钮，就会进入实现不同功能的界面。图书馆服务系统主界面如图 6-14 所示。

图 6-12 催还图书报表界面

图 6-13 修改密码设置界面

图 6-14 图书馆服务系统主界面

9. 查询、借阅、预约图书界面设计

查询、借阅、预约图书界面是学生的查询、借阅、预约图书 3 大功能的结合体。将这 3 个功能合并在一个界面中实现，是为了使应用程序的结构紧凑，思路清晰。在这个界面中，可实现按照书名关键字和作者名关键字两种方式执行查询。用户可以通过查询选定需要借阅或预约的图书，也可以自己移动记录指针到所需要的图书记录，选定后，用户输入自己的学号执行借阅。如果学号错误或借书证不允许使用，程序会显示提示信息，否则，就完成用户借阅图书或预约图书的过程。对于一本图书被借阅和预约的可能性是通过组合框和检查框来实现的。本案例规定，在同一时间内，一本图书只能被一个学生借阅，也只允许一个学生预约。没有借出的书不能预约，只允许直接借阅。已借出但没有预约的图书允许被预约，而已被预约的图书不允许再被借阅或预约。查询、借阅、预约图书界面如图 6-15 所示。

图 6-15 查询、借阅、预约图书界面

10．查询个人借阅信息、归还图书界面设计

查询个人借阅信息、归还图书界面是学生查询个人借阅情况和归还图书两大功能的结合体。在设计中将这两个功能合成一个界面，是为了使应用程序的结构紧凑、思路清晰。在这个界面中，用户输入学号可执行查询，如果学号错误，程序会显示提示错误信息，否则，就显示该学生借阅图书的情况。当用户选择了自己需要归还的图书后，确认以完成归还已借阅图书的过程。查询借阅信息、归还图书界面如图 6-16 所示。

图 6-16　查询借阅信息、归还图书界面

项 目 小 结

项目 6 讲述了详细设计的基本任务、详细设计的结构化方法及面向对象方法，根据面向对方法给出了图书馆管理系统的类的设计、图书馆管理系统的界面设计等。

拓 展 训 练

拓展训练任务 1　使用 Rational Rose 绘制图书馆管理系统的类图

1．训练目的

（1）掌握使用 Rational Rose 绘制类图的方法。

（2）熟悉类的设计方法。

2．训练要求

（1）绘制图书馆管理系统的类图。

（2）完成实训报告。

3．训练内容

（1）新建类图及定制工具栏。

① 启动 Rational Rose，在 Browser 窗口内的树形列表中选中【Logical View】包，用鼠标右键单击，在弹出的快捷菜单中选择【New】|【Package】命令，如图 6-17 所示，新建一个包，命名为【图书馆管理实体类】。

② 用鼠标右键单击 Browser 窗口中新生成的包，在弹出的快捷菜单中选择【New】|【Class Diagram】命令新建一个类图，命名为【图书馆管理实体类】。

③ 双击 Browser 窗口中新生成的【图书馆管理实体类】类图文件，在 Diagram 窗口中打开

该文件，可在该窗口中绘制类。

图 6-17　新建类图

（2）向类图中添加类。

① 单击绘图工具栏中的 <img>按钮，在绘图区域单击即可建立一个名为【NewClass】的类，如图 6-18 所示。这里可以将新建的类重命名为【图书】。

图 6-18　绘制一个类

② 用鼠标右键单击新生成的类，在弹出的快捷菜单中选择【Open Specification...】命令，在弹出的对话框中可对该类进行相关细节的设置，如图 6-19 所示。

③ 选择【Attributes】选项卡，在窗口主体区域单击鼠标右键，在弹出的快捷菜单中可设置当前类的属性，在这里可以添加【图书编号】等相关属性，如图 6-20 所示。

类似地，选择其他几个选项卡可进行相关内容的设置。

（3）建立类之间的关系。绘制了相关的类之后还要绘制有关类之间的关联。描述类之间的泛化关系，可以使用绘图工具栏上的 <img>按钮，具体操作步骤如下。

① 单击 <img>按钮后，在绘图区从起始类【读者】画至终止类【用户】，如图 6-21 所示。

图 6-19　设置类的细节

图 6-20　设置类的属性

图 6-21　为读者类和用户类建立关系

　　用同样的方法可以定义【用户】类、【系统管理员】类、【图书管理员】类之间的关系，如图 6-22 所示。

　　② 用鼠标右键单击表示泛化关系的带三角箭头的线段，在弹出的快捷菜单中选择【Open Specification...】命令或直接双击该三角箭头线段，在弹出的对话框中可对关系做进一步的细节设置，如图 6-23 所示。

图 6-22 定义类之间的泛化关系

图 6-23 【Generalize Specification for Untitled（设置泛化关系）】对话框

③ 描述类之间的双向关联关系，可使用绘图工具栏上的 ⬜ 按钮。如果该按钮未显示在绘图工具栏上，可定制工具栏以显示该按钮。

④ 双向关联按钮用来描述类实例之间的双向连接关系。同样，双击该关系可在弹出的对话框中对该关系做进一步的设置，这部分内容不再赘述，请读者在实践中掌握。

拓展训练任务 2 学生管理系统练习

1．训练目的

（1）培养学生运用所学软件项目做需求分析的理论知识和技能，以及分析并解决实际应用问题的能力。

（2）培养学生调查研究、查阅技术文献资料的能力，达到系统设计资料规范、全面的要求。

（3）通过实训，理解传统的详细设计方法和面向对象的详细设计方法。

（4）掌握数据库设计方法，以及系统功能流程图、类图、界面的设计方法。

2．训练要求

（1）实训要求根据项目的需求分析对系统的结构、接口、模块等进行设计。针对内容、认真复习与本次实训有关的知识，完成实训内容的预习准备工作。

（2）能认真独立完成实训内容。

（3）实训后，根据设计结果写出设计报告。

3. 训练内容—学生管理系统练习

（1）本系统包括学生基本信息管理、学生选课管理、学籍变更管理、学生奖励管理、学生惩罚管理、学生信息查询等基本功能。

（2）设计学生管理系统的功能流程图。

（3）设计学生管理系统各模块的类图。

（4）用面向对象的详细设计方法，设计学生管理系统的用户界面。

知识点考核与理解

1. 选择题

（1）在下面关于详细设计的说法中，错误的是（　　　）。

A. 详细设计阶段的任务是将解决问题的办法进行具体化

B. 详细设计阶段是以比较抽象的方式提出了解决问题的办法

C. 详细设计阶段不用真正编写程序，而是设计出程序的详细规格说明

D. 详细设计是将概要设计的框架内容具体化、明细化

（2）类图是静态图的一种，它包括3个部分：（　　　）。

A. 属性　　　　　　B. 类　　　　　　C. 用户接口　　　　　　D. 联系

（3）在下面关于数据库的描述中，正确的是（　　　）。

A. 数据库是用于储存和处理数据的

B. 数据库设计的目的是使信息系统在数据库服务器上建立一个好的数据模型

C. 数据库设计的主要工作是设计数据库的表

D. 数据库是用来确定对象之间通信的工具

（4）传统的详细设计的工具主要包括（　　　）。

A. 程序流程图　　　　　　B. 数据结构设计　　　　　　C. 模块和接口

D. 判定表　　　　　　E. 程序设计语言

2. 填空题

（1）RUP（统一开发过程）模式的最大优点是_____的方法，该方法可以较为直观地建立起系统的架构，通过反复识别，避免需求中的漏项。

（2）类有属性、操作、约束及其他成分等，属性_____所能具有的值，操作实现类的_____，用户接口就是_____，联系代表_____。

（3）详细设计需要对系统的模块做概要性说明，主要包括_____描述、_____描述和_____描述。

（4）面向对象的详细设计从概要设计的对象和类开始。算法是_____的实现规格。数据结构的设计与算法是同时进行的，因为这个方法要对类的属性进行处理，主要包括3类：_____、对数据进行计算、_____。

3. 简答题

（1）简述使用结构化方法进行系统应用程序设计的基本流程。

（2）简述结构化应用程序与用户界面、数据库和网络设计的集成。

（3）简述设计类图的设计过程。

（4）如何理解结构化程序设计和面向对象程序设计在方法上的不同？

第三篇 实现与测试篇

项目 7 软件项目实现

全面提高质量，提高编程效率，使程序具有良好的可读性、可靠性、可维护性，以及良好的结构，应当是每位程序设计工作者追求的目标，而要做到这一点，就必须掌握正确的程序设计方法和技术。

项目要点：

- 了解面向对象程序语言的概念和特点；
- 了解程序语言的分类；
- 了解程序复杂度算法。

任务 7.1 结构化程序设计

由于软件危机的出现，人们开始研究程序设计方法，其中最受关注的是结构化程序设计方法。20 世纪 70 年代提出了"结构化程序设计（Structured Programming）"的思想和方法。结构化程序设计方法引入了工程思想和结构化思想，使大型软件的开发和编程都得到了极大的改善。

7.1.1 结构化程序设计的原则

结构化程序设计方法的主要原则可以概括为自顶向下，逐步求精，模块化，限制使用 goto 语句。

1. 自顶向下

程序设计时，应先考虑总体，后考虑细节；先考虑全局目标，后考虑局部目标。不要一开始就过多追求众多的细节，先从最上层总目标开始设计，逐步使问题具体化。

2. 逐步求精

对复杂问题，应设计一些子目标作为过渡，逐步细化。

3. 模块化

一个复杂问题，肯定是由若干简单的问题构成的。模块化是把程序要解决的总目标分解为子目标，再进一步分解为具体的小目标，把每一个小目标称为一个模块。

4. 限制使用 goto 语句

结构化程序设计方法的起源来自对 goto 语句的认识和争论，结论如下：

（1）goto 语句确实有害，应当尽量避免；

（2）完全避免使用 goto 语句也并非是个明智的方法，有些地方使用 goto 语句，会使程序流程更清楚、效率更高；

（3）争论的焦点不应该放在是否取消 goto 语句上，而应该放在用什么样的程序结构上，其中最关键的是，应在以提高程序清晰性为目标的结构化方法中限制使用 goto 语句。

7.1.2 结构化程序的基本结构与特点

随着计算机程序设计方法的迅速发展，程序结构也呈现出多样性，如结构化程序、模块化程序、面向对象的程序结构，了解和掌握结构化程序设计的概念和方法，将为学习其他程序设计方法打下良好的基础。

采用结构化程序设计方法编写程序，目标是得到一个良好结构的程序，所谓良好结构的程序就是该程序具有结构清晰、容易阅读、容易理解、容易验证、容易维护等特点。仅使用顺序、选择和重复 3 种基本控制结构，就足以表达出各种其他复杂形式的程序结构。

（1）顺序结构是一种简单的程序设计，它是最基本、最常用的结构。顺序结构就是按照程序语句行的自然顺序，逐条语句地执行程序。

（2）选择结构又称为分支结构，它包括简单分支结构和多分支结构，这种结构可以根据设定的条件，判断应该选择执行哪一条分支的语句序列。

（3）循环结构。它根据给定的条件，判断是否需要重复执行同一程序段，利用重复结构可以简化大量的程序行。在程序设计语言中，重复结构对应两类循环语句：先判断后执行循环体的称为当型循环结构，先执行循环体后判断的称为直到型循环结构。

7.1.3 结构化程序设计的原则和方法

在结构化程序设计的具体实施中，要注意把握以下原则和方法。

（1）使用程序设计语言中的顺序、选择、循环等有限的控制结构表示程序的控制逻辑。

（2）选用的控制结构只允许有一个入口和一个出口。

（3）程序语句组成容易识别的语句序列块，每一序列块只允许有一个入口和一个出口。

（4）复杂结构的程序设计时，仅用嵌套的基本控制结构进行组合嵌套来实现。

（5）严格控制 goto 语句的使用。

① 用一个非结构化的语言去实现一个结构化的构造，即虽然有些高级语言有 goto 语句，但编程时不使用。

② 若不使用 goto 语句会使功能模糊时，慎重地使用 goto 语句。

③ 在某种可以改善而不是损害程序可读性的情况下，慎重地使用 goto 语句。

任务 7.2　面向对象程序设计

面向对象方法的本质就是主张从客观世界固有的事物出发来构造系统，提倡用人类在现实生活中常用的思维方法来认识、理解和描述客观事物，强调最终建立的系统能够映射问题域，也就是说，系统中的对象及对象之间的关系能够如实地反映问题域中固有的事物及其关系。

7.2.1 数据抽象和封装

1. 抽象

抽象，即去掉与主题无关的次要部分，而仅仅抽取出与工作有关的实质内容加以研究。计算机技术常用的抽象分为过程抽象与数据抽象。

（1）过程抽象。将整个系统的功能划分成为若干部分，强调功能完成的过程和步骤。面向过程的程序设计就采用这种方法。

（2）数据抽象。与过程抽象不同的抽象方法，它把系统中需要处理的数据和这些数据的操作结合在一起，根据功能、性质、作用等因素抽象成不同的抽象数据类型，每个数据类型既包括了数据，又包括了针对这些数据的操作。

面向对象的软件开发方法的主要特点就是采用数据抽象的方法来构建程序中的类、对象的方法。它的优点为：一方面可以去掉与核心问题无关的东西，使开发工作可以集中在比较关键、主要的部分；另一方面，在数据抽象过程中对数据和操作的分析、辨别和定义可以帮助开发者对整个问题有更深入、准确的认识。

例如，人们不会把一辆汽车想象成一大堆成千上万的单个零件，而只会把它看成是一个拥有自己特殊行为的、定义好的对象。这种抽象允许人们使用汽车而不管它的部件的复杂性。我们也可以通过分层抽象，将汽车分成若干个子对象，从而将它分成若干个小对象来管理和使用。

对于一个传统的面向过程的程序，它的数据可以通过抽象转变构成它的对象，一系列过程步骤能够成为这些对象之间的信息集合，所以每一个对象描述它自己的独特行为，消息告诉它对象能够做什么，而我们可以将这些对象看作对消息产生反应的具体存在。

2．封装

封装，就是利用抽象数据类型将数据和基于数据的操作封装在一起，数据被保护在抽象数据类型的内部，系统的其他部分只有通过封装在数据外部的被授权的操作，才能够与这个抽象数据类型进行交流。

在面向对象编程（OOP）中，抽象数据类型是利用类这种结构来实现的，每个类里面封装了相关的数据和操作。在实际的开发过程中，类用来构建系统内部的模块，由于封装性把类内的数据保护得很好，模块与模块间仅仅通过严格控制的界面进行交互，使它们之间的耦合和交叉大大减少，从而降低了开发过程的复杂性，提高效率和质量，减少了可能的错误，同时也保证了程序中数据的完整性和安全性。

这种封装的特性，使得类或模块的可重用性大大地提高。封装使得抽象数据类型对内成为一个结构，可自我管理；对外则是一个功能明确、接口单一、可独立工作的有机单元。这样的有机单元特别有利于构建、开发大型标准化的应用软件系统，可以大幅度地提高生产效率，缩短开发周期和降低开发费用。

7.2.2 继承

面向对象编程语言的一个主要特性就是"继承"。继承是指这样一种能力：它可以使用现有类的所有功能，并在无须重新编写原来类的情况下对这些功能进行扩展。

通过继承创建的新类称为"子类"或"派生类"。

被继承的类称为"基类"、"父类"或"超类"。

继承的过程就是从一般到特殊的过程。要实现继承，可以通过"继承"和"组合"来实现。

在某些面向对象编程语言中，一个子类可以继承多个父类。但是一般情况下，一个子类只能有一个父类。要实现多重继承，可以通过多级继承来实现。

继承概念的实现方式有 3 类：实现继承、接口继承和可视继承。

（1）实现继承是指使用父类的属性和方法而无须额外编码的能力。

（2）接口继承是指仅使用属性和方法的名称，但是子类必须提供实现的能力。

（3）可视继承是指子窗体（类）使用父窗体（类）的外观和实现代码的能力。

在考虑使用继承时，有一点需要注意，那就是两个类之间的关系应该是"属于"关系。例如，Employee 是一个人，Manager 也是一个人，因此这两个类都可以继承 Person 类。但是 Leg 类却不能继承 Person 类，因为腿并不是一个人。

抽象类仅定义将由子类创建的一般属性和方法，创建抽象类时，请使用关键字 Interface，而不是 Class。

面向对象的开发范式大致为划分对象—抽象类—将类组织成为层次化结构（继承和合成）—用类与实例进行设计和实现几个阶段。

7.2.3　多态

多态性是允许将父对象设置成为一个或更多它的子对象的技术，赋值之后，父对象就可以根据当前赋值给它的子对象的特性以不同的方式运作。简单地说，就是允许将子类类型的指针赋值给父类类型的指针。

实现多态，有两种方式：覆盖和重载。

1．覆盖

覆盖是指子类重新定义父类的函数的做法。

2．重载

重载是指允许存在多个同名函数，而这些函数的参数表不同（或许参数个数不同，或许参数类型不同，或许两者都不同）。

重载的实现是：编译器根据函数不同的参数表，对同名函数的名称做修饰，然后这些同名函数就成了不同的函数（至少对于编译器来说是这样的）。例如，如果有两个同名函数，function func（p:integer）:integer 和 function func（p:string）:integer，那么编译器做过修饰后的函数名称可能是 int_func 和 str_func。对于这两个函数的调用，在编译期间就已经确定了，是静态的。也就是说，它们的地址在编译期就绑定了（早绑定），因此，重载和多态无关。真正和多态相关的是"覆盖"。当子类重新定义了父类的函数后，父类指针根据赋给它的不同的子类指针，动态地调用属于子类的该函数，这样的函数调用在编译期间是无法确定的（调用子类的虚函数的地址无法给出）。因此，这样的函数地址是在运行期间绑定的（晚绑定）。

封装可以隐藏实现细节，使得代码模块化；继承可以扩展已存在的代码模块（类）；它们的目的都是为了代码重用。而多态则是为了实现另一个目的——接口重用。多态的作用就是为了类在继承和派生的时候，保证使用"家谱"中任一类的实例的某一属性时的正确调用。

任务 7.3　程序复杂度

程序复杂度主要指模块内程序的复杂性。它直接关联软件开发费用的多少、开发周期的长短和软件内部潜伏错误的多少，同时它也是软件可理解性的另一种度量。

减少程序复杂性，可提高软件的简单性和可理解性，并使软件开发费用减少，开发周期缩短，软件内部潜藏错误减少。

7.3.1　时间复杂度

一般情况下，算法的基本操作重复执行的次数是模块 n 的某一个函数 $f(n)$，因此，算法的

时间复杂度记作 $T(n)=O(f(n))$。

随着模块 n 的增大，算法执行时间的增长率和 $f(n)$ 的增长率成正比，所以 $f(n)$ 越小，算法的时间复杂度越低，算法的效率越高。

在计算时间复杂度的时候，先找出算法的基本操作，然后根据相应的各语句确定它的执行次数，再找出 $T(n)$ 的同数量级（它的同数量级有：1，$\log_2 n$，n，$n\log_2 n$，n^2，n^3，2^n，$n!$），找出后，$f(n)=$ 该数量级，若 $T(n)/f(n)$ 求极限可得到一常数 c，则时间复杂度 $T(n)=O(f(n))$。

7.3.2　空间复杂度

空间复杂度是程序运行所需要的额外消耗存储空间，也用 $O(\ )$ 来表示。

一个算法的优劣主要从算法的执行时间和所需要占用的存储空间两个方面衡量，算法执行时间的度量不是采用算法执行的绝对时间来计算的，因为一个算法在不同的机器上执行所花的时间不一样，在不同时刻也会由于计算机资源占用情况的不同，使得算法在同一台计算机上执行的时间也不一样，所以对于算法的时间复杂性，采用算法执行过程中其基本操作的执行次数，作为计算量度量。

算法中基本操作的执行次数一般是与问题规模有关的，对于结点个数为 n 的数据处理问题，用 $T(n)$ 表示算法基本操作的执行次数。在评价算法的时间复杂性时，不考虑两算法执行次数之间的细小区别，而只关心算法的本质差别。

为此，引入 $O(\ )$ 号，则 $T1(n)=2n=O(n)$，$T2(n)=n+1=O(n)$。如果一个函数 $f(n)$ 的空间复杂度用 $O(g(n))$ 表示，则一定存在常数 c 和 m，使得对所有的 $n>m$，都满足 $f(n)<c*g(n)$。

项 目 小 结

结构化程序设计已经满足不了当代程序设计需求，但是关于结构化编程的思想仍然很重要。

对象是一个现实实体的抽象，由现实实体的过程或信息来定义。一个对象可被认为是一个把数据（属性）和程序（方法）封闭在一起的实体，这个程序产生该对象的动作或对它接收到的外界信号的反应，这些对象操作有时称为方法。对象是一个动态的概念，其中的属性反映了对象当前的状态。

因为对象是对现实世界实体的模拟，可以更容易地理解需求，即使用户和分析者之间具有不同的教育背景和工作特点，也可很好地沟通。

拓 展 训 练

1．训练目的

（1）理解类的继承的概念。

（2）理解多态的概念。

2．训练要求

（1）实现类的继承和多态。

（2）完成实训报告。

3．训练内容——类的派生

（1）新建一个【项目】，项目名称为【创建派生类】。

（2）定义基类 Student 与派生类 Student_1，单击【创建】按钮，创建并显示派生类对象的信息。基类字段声明 Public，包括"学号""姓名""性别""年龄"等。派生类字段声明为 Public，包括"成绩1""成绩2"。

（3）在窗体 Form1 中拖放多个 ListBox 控件和一个 Button 控件，修改相应的属性，其中将 Button1 的 Text 属性改为"创建"。

（4）创建按钮单击事件。

（5）在相应事件中添加相应代码。

知识点考核与理解

1．选择题

（1）在下列标志符中，不合法的用户标志符为（　　）。

A．a#b　　　　　　　　　B．_int　　　　　　　　　C．a_10　　　　　　　　　D．Pad

（2）每个类（　　）构造函数。

A．只能有一个　　　　　　　　　　　　　　B．只可有共有的

C．可以有多个　　　　　　　　　　　　　　D．只可有默认的

（3）程序的 3 种基本控制结构是（　　）。

A．数组、递推、排序　　　　　　　　　　　B．递归、递推、迭代

C．顺序、选择、循环　　　　　　　　　　　D．递归、子程序、分程序

2．填空题

（1）计算机技术常用的抽象分为_____抽象与_____抽象。

（2）封装就是利用抽象数据类型将_____和基于数据的_____封装在一起。

（3）实现多态有两种方式，分别是_____和_____。

3．简答题

（1）为什么说类对对象的概念是客观世界的反映？

（2）简单解释什么是面向对象程序设计的封装性。

项目 8　软件测试

虽然在系统开发过程中采取了多种措施保证软件质量，但是在实际开发过程中还是不可避免地会产生差错。系统中通常可能隐藏着错误和缺陷，未经周密测试的系统投入运行，将会造成不可预估的后果，因此软件测试是系统开发过程中为保证软件质量必须进行的工作。

项目要点：
- 了解软件测试的定义、目的和原则；
- 了解软件错误的分类；
- 理解软件测试的过程和策略；
- 掌握面向对象软件测试的方法。

任务 8.1　软件测试基础

8.1.1　软件测试的定义

软件测试是为了发现错误而执行程序的过程。或者说，软件测试是根据软件开发各阶段的规格说明和程序的内部结构而精心设计一批测试用例（即输入数据及其预期的输出结果），并利用这些测试用例去运行程序，以发现程序错误的过程。

软件测试在软件生命周期中横跨两个阶段。通常在编写出每一个模块之后就对它做必要的测试（称为单元测试）。模块的编写者与测试者是同一个人。编码与单元测试属于软件生命周期中的同一个阶段。在这个阶段结束之后，对软件系统还要进行各种综合测试，这是软件生存期的另一个独立的阶段，即测试阶段，通常由专门的测试人员承担这项工作。

8.1.2　软件测试的目的和原则

1. 软件测试的目的

（1）测试是程序的执行过程，目的在于发现错误。

（2）一个好的测试用例在于能发现至今未发现的错误。

（3）一个成功的测试是发现了至今未发现的错误的测试。

设计测试的目标是以最少的时间和人力，系统地找出软件中潜在的各种错误和缺陷。如果我们成功地实施了测试，就能够发现软件中的错误。测试的附带收获是，它能够证明软件的功能和性能与需求说明相符合。此外，实施测试收集到的测试结果数据为可靠性分析提供了依据。

测试不能表明软件中不存在错误，它只能说明软件中存在错误。

2. 软件测试的原则

（1）应当把"尽早地和不断地进行软件测试"作为软件开发者的座右铭。不应把软件测试仅仅看作软件开发的一个独立阶段，而应当把它贯穿到软件开发的各个阶段。坚持在软件开发各个阶段的技术评审，这样才能在开发过程中尽早发现和预防错误，把出现的错误克服在早期，杜绝某些发生错误的隐患。

（2）测试用例应由测试输入数据和与之对应的预期输出结果两部分组成。测试以前应当根据测试的要求选择测试用例（Test Case），用来检验程序员编制的程序，因此不但需要测试的输入数据，而且需要针对这些输入数据的预期输出结果。

（3）程序员应避免检查自己的程序。程序员应尽可能避免测试自己编写的程序，程序开发小组也应尽可能避免测试本小组开发的程序。如果条件允许，最好建立独立的软件测试小组或测试机构。这点不能与程序的调试（Debuging）相混淆。调试由程序员自己来做可能更有效。

（4）在设计测试用例时，应当包括合理的输入条件和不合理的输入条件。合理的输入条件是指能验证程序正确的输入条件，不合理的输入条件是指异常的、临界的、可能引起问题异变的输入条件。软件系统处理非法命令的能力必须在测试时受到检验。用不合理的输入条件测试程序时，往往比用合理的输入条件进行测试能发现更多的错误。

（5）充分注意测试中的群集现象。被测程序段发现错误数目多，则残存错误数目也比较多。这种错误群集性现象，已为许多程序的测试实践所证实。根据这个规律，应当对错误群集的程序段进行重点测试，以提高测试投资的效益。

（6）严格执行测试计划，排除测试的随意性。测试之前应仔细考虑测试的项目，对每一项测试做出周密的计划，包括被测程序的功能、输入和输出、测试内容、进度安排、资源要求、测试用例的选择、测试的控制方式和过程等，还要包括系统的组装方式、跟踪规程、调试规程、回归测试的规定，以及评价标准等。对于测试计划，要明确规定，不要随意解释。

（7）应当对每一个测试结果做全面检查。有些错误的特征在输出实测结果时已经明显地出现了，如果不仔细全面地检查测试结果，就会使这些错误被遗漏掉，所以必须明确定义预期的输出结果，对实测的结果仔细分析检查，抓住特征，暴露错误。

（8）妥善保存测试计划、测试用例、出错统计和最终分析报告，为维护提供方便。

8.1.3　程序错误分类

由于人们对错误有不同的理解和认识，所以目前还没有一个统一的错误分类方法。错误难以分类的原因：一方面是由于一个错误有许多征兆，因而它可以被归入不同的类；另一方面是因为把一个给定的错误归于哪一类，还与错误的来源和程序员的心理状态有关。

1. 按错误的影响和后果分类

（1）较小错误。只对系统输出有一些非实质性影响，如输出的数据格式不合要求等。

（2）中等错误。对系统的运行有局部影响，如输出的某些数据有错误或出现冗余。

（3）较严重错误。系统的行为因错误的干扰而出现明显不合情理的现象，如开出了 0.00 元的支票，系统的输出完全不可信赖。

（4）严重错误。系统运行不可跟踪，一时不能掌握其规律，时好时坏。

（5）非常严重的错误。系统运行中突然停机，其原因不明，无法软启动。

（6）最严重的错误。系统运行导致环境破坏，或是造成事故，引起生命、财产的损失。

2. 按错误的性质和范围分类

按错误的性质和范围分类，把软件错误分为 5 类。

（1）功能错误。

① 规格说明错误：规格说明不完全，有二义性或自身矛盾。

② 功能错误：程序实现的功能与用户要求的不一致。这常常是由于规格说明中包含错误的功能、多余的功能或遗漏的功能所致。

③ 测试错误：软件测试的设计与实施发生错误。软件测试自身也可能发生错误。

④ 测试标准引起的错误：对软件测试的标准要选择适当，若测试标准太复杂，则导致测试过程出错的可能性就大。

（2）系统错误。

① 外部接口错误：外部接口指如终端、打印机、通信线路等系统与外部环境通信的手段。所有外部接口之间，人与机器之间的通信都使用形式的或非形式的专门协议。如果协议有错，或太复杂，难以理解，会致使在使用中出错。此外还包括对输入/输出格式错误理解，对输入数据不合理的容错等。

② 内部接口错误：内部接口指程序之间的联系，它所发生的错误与程序内实现的细节有关，例如，设计协议错、输入/输出格式错、数据保护不可靠、子程序访问错等。

③ 硬件结构错误：这类错误在于不能正确地理解硬件如何工作，例如，忽视或错误地理解分页机构、地址生成、通道容量、I/O 指令、中断处理、设备初始化和启动等而导致的出错。

④ 操作系统错误：这类错误主要是由于不了解操作系统的工作机制而导致出错。当然，操作系统本身也可能有错误，但是一般用户很难发现这种错误。

⑤ 软件结构错误：由于软件结构不合理或不清晰而引起的错误。这种错误通常与系统的负载有关，而且往往在系统满载时才出现，是最难发现的一类错误。例如，错误地设置局部参数或全局参数，错误地假定寄存器与存储器单元初始化了，错误地假定不会发生中断而导致不能封锁或开中断，错误地假定程序可以绕过数据的内部锁而导致不能关闭或打开内部锁，错误地假定被调用子程序常驻内存或非常驻内存等，都将导致软件出错。

⑥ 控制与顺序错误：忽视了时间因素而破坏了事件的顺序，猜测事件出现在指定的序列中，等待一个不可能发生的条件，漏掉先决条件，规定错误的优先级或程序状态，漏掉处理步骤，存在不正确的处理步骤或多余的处理步骤等。

⑦ 资源管理错误：这类错误是由于不正确使用资源而产生的，例如，使用未经获准的资源，使用后未释放资源，资源死锁，把资源链接在错误的队列中等。

（3）加工错误。

① 算术与操作错误：指在算术运算、函数求值和一般操作过程中发生的错误，包括数据类型转换错，除法溢出，错误地使用关系比较符，用整数与浮点数做比较等。

② 初始化错误：典型的初始化错误有忘记初始化工作区，忘记初始化寄存器和数据区；错误地对循环控制变量赋初值；用不正确的格式、数据或类型进行初始化等。

③ 控制和次序错误：这类错误与系统级同名错误类似，但它是局部错误，包括遗漏路径，不可达到的代码，不符合语法的循环嵌套，循环返回和终止的条件不正确，漏掉处理步骤或处理步骤有错等。

④ 静态逻辑错误：不正确地使用 CASE 语句，在表达式中使用不正确的否定（例如用"＞"代替"＜"的否定），对情况不适当地分解与组合，混淆"或"与"异或"等。

（4）数据错误。

① 动态数据错误：动态数据是在程序执行过程中暂时存在的数据，各种不同类型的动态数据在程序执行期间将共享一个共同的存储区域，若程序启动时对这个区域未初始化，就会导致数据出错。由于动态数据被破坏的位置可能与出错的位置在距离上相差很远，因此要发现这类错误比较困难。

② 静态数据错误：静态数据在内容和格式上都是固定的，它们直接或间接地出现在程序或数据库中，由编译程序或其他专门程序对它们做预处理。这是在程序执行前防止静态错误的好办法，但预处理也会出错。

③ 数据内容错误：数据内容是指存储于存储单元或数据结构中的位串、字符串或数字。数据内容本身没有特定的含义，除非通过硬件或软件给予解释。数据内容错误就是由于内容被破坏或被错误地解释而造成的错误。

④ 数据结构错误：数据结构是指数据元素的大小和组织形式，在同一存储区域中可以定义不同的数据结构。数据结构错误主要包括结构说明错误及把一个数据结构误当作另一类数据结构使用的错误，这是更危险的错误。

⑤ 数据属性错误：数据属性是指数据内容的含义或语义，例如，整数、字符串、子程序等。数据属性错误主要包括对数据属性不正确地解释，比如错把整数当实数；允许不同类型数据混合运算而导致的错误等。

（5）代码错误。

代码错误主要包括语法错误，打字错误，对语句或指令不正确理解所产生的错误。

3．按软件生存期阶段分类

软件的逻辑错误按软件生存期不同阶段可以分为4类。

（1）问题定义（需求分析）错误。它们是在软件定义阶段，分析员研究用户的要求后所编写的文档中出现的错误。换句话说，这类错误是由于问题定义不满足用户的要求而导致的。

（2）规格说明错误。这类错误是指规格说明与问题定义不一致所产生的错误，它们又可以细分。

① 不一致性错误：规格说明中功能说明与问题定义发生矛盾。

② 冗余性错误：规格说明中某些功能说明与问题定义相比是多余的。

③ 不完整性错误：规格说明中缺少某些必要的功能说明。

④ 不可行错误：规格说明中有些功能要求是不可行的。

⑤ 不可测试错误：有些功能的测试要求是不现实的。

（3）设计错误。这类错误是指系统的设计与需求规格说明中的功能说明不相符，它们又可以细分。

① 设计不完全错误：某些功能没有被设计，或设计得不完全。

② 算法错误：算法选择不合适，主要表现为算法的基本功能不满足功能要求、算法不可行或者算法的效率不符合要求。

③ 模块接口错误：模块结构不合理，模块与外部数据库的界面不一致，模块之间的界面不一致。

④ 控制逻辑错误：控制流程与规格说明不一致，控制结构不合理。

⑤ 数据结构错误：数据设计不合理，与算法不匹配，数据结构不满足规格说明要求。

（4）编码错误。编码过程中的错误是多种多样的，大体可归为以下几种：数据说明错、数据使用错、计算错、比较错、控制流错、界面错、输入/输出错，以及其他的错误。

在不同的开发阶段，错误的类型和表现形式是不同的，故应当采用不同的方法和策略来进行检测。

任务 **8.2**　测试用例及构造

8.2.1　测试用例概述

软件测试要考虑到错误、故障、失效和事故等诸多问题。软件测试是利用测试用例来操作软件的活动,有两个明确的目标:找出失效问题和证实软件执行的正确性。每个测试用例都有一个用例标志,并与程序的行为密切相关。每个测试用例还包括若干输入和期望输出。

从图 8-1 给出的测试生命周期模型中可以看出,在软件开发中产生的错误和其引发的故障将传递到后续开发过程中。前 3 个阶段是注入错误阶段,测试阶段是发现错误阶段,后 3 个阶段为清除错误阶段。故障分析解决也可能构成错误或引起新的故障,同时修复操作也可能导致原先正确的软件出现异常行为,这样的修复是不完善、不准确的。

图 8-1 软件测试生命周期描述

从前面提到的关于软件测试的错误、故障、失效、错误等术语中可以看出,测试用例在测试中占核心地位。测试的过程还可以细分为若干独立的步骤:测试计划制订、测试用例开发、测试用例运行、测试结果评估等。

软件测试的本质是为被测试对象建立一个测试用例的集合。测试用例应包含的必要信息有:输入,即前置条件(如在测试用例运行之前已经存在的环境因素)和用某些测试方法所构建的实际输入;期望输出,即后置条件和程序的实际输出。

由测试用例的必要构成即可推出测试活动的过程,测试活动包括建立必要的前置条件,给出测试用例输入,观察输出结果,将实际输出与期望输出进行比较,然后在保证预期后置条件成立的情况下,判断测试通过与否。

在一个设计完善的测试用例中,还应该包括一些用来支持测试管理的其他信息:用例标志(ID)和一个存在的理由(主要目的是便于进行需求跟踪),测试用例的执行过程记录,如测试用例的运行时间和执行人,执行结果(通过还是失败),测试软件的版本号码等信息。由此可以看出,测试用例跟程序源码一样珍贵,需要对测试用例进行开发、评审、使用、管理和保存。典型测试用例包含的信息如图 8-2 所示。

测试用例 ID

用途

前置、后置条件

输入

期望输出

执行过程记录

日期	运行结果	软件版本号	运行人

图 8-2 典型测试用例信息

8.2.2　构造测试用例

构造测试用例的基本途径有两种，即功能测试和结构测试。每种途径都有几种不同的测试用例构造方法，通常称为测试方法。

1．功能测试

功能测试的基本思想是：任何程序均可视为将其输入定义域中的值映射到其输出值域的函数。该测试主要测试软件是否能够完成相应的功能，而对功能如何实现、业务逻辑如何处理等问题并不关心。由于工程系统通常被当作黑盒子来进行研究，这样就产生了黑盒测试方法。黑盒的内容不为外界所知，其功能完全通过输入与输出来表达，如图 8-3 所示。

图 8-3　黑盒示意图

对功能测试用例构造方法来说，唯一可用的信息是软件规格说明书。功能测试用例有以下优点：（1）与软件的具体实现方法无关，所以即使实现方式发生改变，测试用例仍然有用；（2）测试用例的开发工作可以同软件实现工作并行开展，这样可以缩短整个项目的生命周期。但功能测试用例也常常出现两个突出的问题：测试用例之间会存在严重的冗余问题，且可能出现未测试的实现行为。

2．结构测试

结构测试是另一种基本的构造测试用例方法，与功能测试相对，结构测试有时称为白盒（透明盒）测试。两者的最根本的区别在于，结构测试时黑盒中的具体实现现在是已知的并被用于构造测试用例，能够透视黑盒内部的能力使测试人员可以根据功能的实现方式构造测试用例。

利用线性图论的基本概念，测试人员可以精确描述被测试对象。结构测试允许定义和使用测试覆盖指标，测试覆盖指标能够明确地表示软件被测试的程度，成为软件测试的度量指标，使测试管理更有意义。

功能测试和结构测试的根本出发点都是要构造测试用例，功能测试方法利用规格说明来构造测试用例，而结构测试方法则把程序源码作为构造的依据。在软件测试中应结合使用，单独使用任何一种方法都是不够全面的。从程序行为来看：即使所有的规定行为都没有实现，结构测试也发现不了这个问题；反之亦然，如果程序实现了未规定行为，功能测试也发现不了。在软件测试中，通过功能测试法获取可信度，通过结构测试法获取明确的覆盖指标。

任务 8.3　软件测试方法

8.3.1　软件测试步骤

测试过程按 4 个步骤进行，即单元测试、集成测试、确认测试和系统测试，如图 8-4 所示。单元测试集中对用源代码实现的每一个程序单元进行测试，检查各个程序模块是否正确地实现了规定的功能。然后进行集成测试，根据设计规定的软件体系结构，把已测试过的模块组装起来，在组装过程中，检查程序结构组装的正确性。确认测试则是要检查已实现的软件是否满足了需求规格说明中确定的各种需求，以及软件配置是否完全、正确。最后是系统测试，把已经经过确认的软件纳入实际运行环境中，与其他系统成分组合在一起进行测试。

图 8-4 软件测试的过程

1. 单元测试

单元测试针对程序模块,是进行正确性检验的测试,其目的在于发现各模块内部可能存在的各种差错。单元测试需要从程序的内部结构出发设计测试用例,多个模块可以平行地独立进行单元测试。

1)单元测试的内容

① 模块接口测试:对通过被测模块的数据流进行测试。对模块接口,包括参数表、调用子模块的参数、全程数据、文件输入/输出操作都必须检查。

② 局部数据结构测试:设计测试用例检查数据类型说明、初始化、默认值等方面的问题,还要查清全程数据对模块的影响。

③ 路径测试:选择适当的测试用例,对模块中重要的执行路径进行测试,对基本执行路径和循环进行测试可以发现大量的路径错误。

④ 错误处理测试:检查模块的错误处理功能是否包含错误或缺陷。例如,是否拒绝不合理的输入;出错的描述是否难以理解,是否对错误定位有误,是否出错原因报告有误,是否对错误条件的处理不正确;在对错误处理之前错误条件是否已经引起系统的干预等。

⑤ 边界测试:要特别注意数据流、控制流中刚好等于、大于或小于确定的比较值时出错的可能性。对这些地方要仔细地选择测试用例,认真加以测试。

此外,如果对模块运行时间有要求的话,还要专门进行关键路径测试,以确定最坏情况下和平均意义下影响模块运行时间的因素。这类信息对进行性能评价是十分有用的。

2)单元测试的步骤

通常单元测试在编码阶段进行。在源程序代码编制完成,经过评审和验证,确认没有语法错误之后,就开始进行单元测试的测试用例设计。利用设计文档,设计可以验证程序功能、找出程序错误的多个测试用例。对于每一组输入,应有预期的正确结果。

模块并不是一个独立的程序,在考虑测试模块时,同时要考虑它和外界的联系,用一些辅助模块去模拟与被测模块相联系的其他模块。这些辅助模块分为两种:驱动模块和桩模块。

① 驱动模块:相当于被测模块的主程序。它接收测试数据,把这些数据传送给被测模块,最后输出实测结果。

② 桩模块:用于代替被测模块调用的子模块。桩模块可以做少量的数据操作,不需要把子模块所有功能都带进来,但不允许什么事情也不做。

被测模块与它相关的驱动模块及桩模块共同构成了一个"测试环境",如图 8-5 所示。

如果一个模块要完成多种功能,且以程序包或对象类的形式出现,可以将这个模块看成由

图 8-5　单元测试的测试环境

几个小程序组成。对其中的每个小程序先进行单元测试要做的工作，对关键模块还要做性能测试。对支持某些标准规程的程序，更要着手进行互联测试。

2．集成测试

在单元测试的基础上，需要将所有模块按照设计要求组装成为系统。这时需要考虑以下几个方面。

● 在把各个模块连接起来的时候，穿越模块接口的数据是否会丢失。

● 一个模块的功能是否会对另一个模块的功能产生不利的影响。

● 各个子功能组合起来，能否达到预期要求的父功能。

● 全局数据结构是否有问题。

● 单个模块的误差累积起来，是否会放大，从而达到不能接受的程度。

● 单个模块的错误是否会导致数据库错误。

选择什么方式把模块组装起来形成一个可运行的系统，直接影响到模块测试用例的形式、所用测试工具的类型、模块编号的次序和测试的次序，以及生成测试用例的费用和调试的费用。通常，把模块组装成为系统的方式有以下两种。

1）一次性集成方式

它是一种非增殖式集成方式，也叫作整体拼装。使用这种方式，首先对每个模块分别进行模块测试，然后再把所有模块组装在一起进行测试，最终得到要求的软件系统。

由于程序中不可避免地存在涉及模块间接口、全局数据结构等方面的问题，所以一次试运行成功的可能性并不很大。

2）增殖式集成方式

它又称渐增式集成方式。首先逐个模块进行模块测试，然后将这些模块逐步组装成较大的系统，在组装的过程中边连接边测试，以发现连接过程中产生的问题，最后通过增殖逐步组装成为要求的软件系统。

① 自顶向下的增殖方式：将模块按系统程序结构，沿控制层次自顶向下进行集成。由于这种增殖方式在测试过程中较早地验证了主要的控制和判断点。在一个功能划分合理的程序结构中，判断常出现在较高的层次，较早就能遇到。如果主要控制有问题，尽早发现它能够减少以后的返工。

② 自底向上的增殖方式：从程序结构的底层模块开始组装和测试。因为模块是自底向上进行组装的，对于一个给定层次的模块，它的子模块（包括子模块的所有下属模块）已经组装并测试完成，所以不再需要桩模块。在模块的测试过程中需要从子模块得到的信息可以直接运行子模块得到。

③ 混合增殖式测试：自顶向下增殖的方式和自底向上增殖的方式各有优缺点。自顶向下增殖方式的缺点是需要建立桩模块，要使桩模块能够模拟实际子模块的功能是十分困难的。同时涉及复杂算法和真正输入/输出的模块一般在底层，它们是最容易出问题的模块，到组装和测试的后期才遇到这些模块，一旦发现问题，将导致过多的回归测试。而自顶向下增殖方式的优点是能够较早地发现在主要控制方面的问题。自底向上增殖方式的缺点是"程序一直未能作为一个实体存在，直到最后一个模块加上去后才形成一个实体"。就是说，在自底向上组装和测试的过程中，对主要的控制直到最后才接触到。但这种方式的优点是不需要桩模块，而建立驱动模块一般比建立桩模块容易，同时由于涉及复杂算法和真正输入/输出的模块最先得到组装和测

试，可以把最容易出问题的部分在早期解决。此外自底向上增殖的方式可以实施多个模块的并行测试。

鉴于此，通常是把以上两种方式结合起来进行组装和测试。

● 衍变的自顶向下的增殖测试：它的基本思想是强化对输入/输出模块和引入新算法模块的测试，并自底向上组装成为功能相当完整且相对独立的子系统，然后由主模块开始自顶向下进行增殖测试。

● 自底向上-自顶向下的增殖测试：它首先对含读操作的子系统自底向上直至根结点模块进行组装和测试，然后对含写操作的子系统做自顶向下的组装与测试。

● 回归测试：这种方式采取自顶向下的方式测试被修改的模块及其子模块，然后将这一部分视为子系统，再自底向上测试，以检查该子系统与其上级模块的接口是否适配。

3．确认测试

确认测试又称有效性测试。它的任务是验证软件的有效性，即验证软件的功能和性能及其他特性是否与用户的要求一致。在软件需求规格说明书描述了全部用户可见的软件属性，其中有一节叫作有效性准则，它包含的信息就是软件确认测试的基础。

在确认测试阶段需要做的工作如图 8-6 所示。首先要进行有效性测试及软件配置复查，然后进行验收测试和安装测试，在通过了专家鉴定之后，才能成为可交付的软件。

图 8-6 确认测试的步骤

1）功能测试

功能测试是在模拟的环境（可能就是开发的环境）下，运用黑盒测试的方法，验证被测软件是否满足需求规格说明书列出的需求。为此，需要首先制订测试计划，规定要做测试的种类。还需要制定一组测试步骤，描述具体的测试用例。通过实施预定的测试计划和测试步骤，确定软件的特性是否与需求相符，确保所有的软件功能需求都能得到满足，所有的软件性能需求都能达到，所有的文档都是正确且便于使用。同时对其他软件需求，例如可移植性、兼容性、出错自动恢复、可维护性等，也都要进行测试，确认是否满足。

2）软件配置复查

软件配置复查的目的是保证软件配置的所有成分都齐全，各方面的质量都符合要求，具有维护阶段所必需的细节，而且已经编排好分类的目录。

除了按合同规定的内容和要求，由人工审查软件配置之外，在确认测试的过程中，应当严格遵守用户手册和操作手册中规定的使用步骤，以便检查这些文档资料的完整性和正确性，必须仔细记录发现的遗漏和错误，并且适当地补充和改正。

3）验收测试

在通过了系统的有效性测试及软件配置审查之后，就应开始系统的验收测试。验收测试是以用户为主的测试。软件开发人员和 QA（质量保证）人员也应参加。由用户参加设计测试用例，使用用户界面输入测试数据并分析测试的输出结果。一般使用生产中的实际数据进行测试。在测试过程中，除了考虑软件的功能和性能外，还应对软件的可移植性、兼容性、可维护性、错误的恢复功能等进行确认。

4）α 测试和 β 测试

在软件交付使用之后，用户实际将如何使用程序，对于开发者来说是无法预测的。因为用户在使用过程中常常会发生对使用方法的误解、异常的数据组合，以及产生对某些用户来说似乎是清晰的但对另一些用户来说却难以理解的输出等。

让每个用户逐个执行正式的验收测试是不切实际的，很多软件产品生产者采用一种称之为 α 测试和 β 测试的测试方法，以发现可能只有最终用户才能发现的错误。

α 测试是由一个用户在开发环境下进行的测试，也可以是公司内部的用户在模拟实际操作环境下进行的测试。这是在受控的环境下进行的测试。α 测试的目的是评价软件产品的 FURPS（即功能、可使用性、可靠性、性能和支持），尤其注重产品的界面和特色。α 测试人员是除了产品开发人员之外首先见到产品的人，他们提出的功能和修改意见是特别有价值的。α 测试可以从软件产品编码结束之时开始，或在模块（子系统）测试完成之后开始，也可以在确认测试过程中产品达到一定的稳定和可靠程度之后再开始。有关的手册（草稿）等应事先准备好。

β 测试是由软件的多个用户在一个或多个用户的实际使用环境下进行的测试。与 α 测试不同的是，开发者通常不在测试现场。因而，β 测试是在开发者无法控制的环境下进行的软件现场应用。在 β 测试中，由用户记下遇到的所有问题，包括真实的及主观认定的，定期向开发者报告，开发者在综合用户的报告之后做出修改，最后将软件产品交付给全体用户使用。β 测试主要衡量产品的 FURPS，着重于产品的支持性，包括文档、客户培训和支持产品生产能力。只有当 α 测试达到一定的可靠程度时，才能开始 β 测试。由于它处在整个测试的最后阶段，不能指望这时发现主要问题。同时，产品的所有手册文本也应该在此阶段完全定稿。由于 β 测试的主要目标是测试可支持性，所以 β 测试应尽可能由主持产品发行的人员来管理。

4. 系统测试

所谓系统测试，是将通过确认测试的软件，作为整个基于计算机系统的一个元素，与计算机硬件、外设、某些支持软件、数据和人员等其他系统元素结合在一起，在实际运行（使用）环境下，对计算机系统进行一系列的集成测试和确认测试。

系统测试的目的在于通过与系统的需求定义做比较，发现软件与系统定义不符合或与之矛盾的地方。系统测试的测试用例应根据需求分析规格说明来设计，并在实际使用环境下来运行。

8.3.2　功能测试

1. 边界值测试

使用边界值测试来检查程序代码是为了防止源码中出现各种边界错误。边界值分析着眼于输入空间的边界，并据此来构造测试用例。边界测试的基本思想是：错误通常出现在输入变量的极值附近。例如，对循环控制条件来说，应该检查 "$\leq$" 条件时却只检查了 "$<$" 条件，计数器也常常会少计一次。边界值分析的数学理论是涉及 x_1 和 x_2 的两个变量的函数 F。如果把函数 F 用一个程序来实现，输入变量 x_1 和 x_2 通常会有一定的取值范围，如 $a \leq x_1 \leq b$，$c \leq x_1 \leq d$。

边界值分析技术的基本思想是：利用输入变量的最小值、略小于最小值的值、正常值、略多于最大值的值、最大处的取值，分别使用 min、min+、nom、max-、max 来代替以上的 5 个取值。边界值分析的另一个要点是：基于一个十分重要的假设，这个假设在可靠性理论中被称作"单故障"假设，即小问题通常不会由两个或多个故障同时引发。因此，构造边界值测试用例的方法是：仅让一个变量取极值，而让其他变量取正常值。这样上述双变量函数 F 的边界值分析测试用例有 $\{<x_{1nom}, x_{2min}>, <x_{1nom}, x_{2min+}>, <x_{1nom}, x_{2nom}>, <x_{1nom}, x_{2max}>, <x_{1min}, x_{2nom}>, <x_{1min+}, x_{2nom}>, <x_{1nom}, x_{2min}>, <x_{1max-}, x_{2nom}>, <x_{1max}, x_{2nom}>\}$，如图 8-7 所示。

基本边界值分析技术可以通过两种方式进行扩展：增加变量的数目和取值范围的种类。变量数目的扩展容易实现：对于一个 n 变量函数，以一个变量依次取 min、min+、nom、max-、max 各个极值，而保持其他所有变量的正常值，依次对每个变量重复这个过程即可；则对于一个关于 n 个变量的函数，边界值分析就会产生 $4n+1$ 个不同的测试用例。对取值范围的扩展取决于变量本身或者说变量的数据类型。对布尔变量来说，边界值分析没有意义，因为变量极值为 TRUE 或者 FALSE，但是其余 3 个值不够明确，在后面的叙述中可知，布尔变量需要进行基于决策表的测试。同样逻辑变量也会给边界值分析带来一些麻烦，对逻辑变量可以通过遍历其所有取值来进行边界值分析测试。

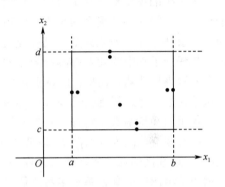

图 8-7　双变量函数边界值分析测试用例示意图

健壮性测试是对边界值分析的一种简单扩展，是指在对变量的 5 个边界值进行分析之外，进一步考察略大于最大值的值（max+）和略小于最小值的值（min-），看变量在超出极值时会出现的情况。边界值分析的大部分属性都直接适用于健壮性测试，特别是一般性和局限性。对健壮性测试来说，最重要的是期望输出而不是输入。

边界值测试是介于可靠性理论中的单故障假设的，如果抛开这个假设，就需要考察多个变量同时取极值的情况，这种分析称为"最坏情况分析"，可以利用这种思想来构造最坏情况测试用例。对每个变量，首先构造包含 min、min+、nom、max-、max 这 5 个基本值的取值集合，之后通过计算集合的笛卡尔积来构造测试用例。由于边界值测试用例集为最坏情况测试用例集的真子集，所以最坏情况测试需要进行更多的测试工作，比如对于 n 个变量函数来说，最坏情况测试需要构造出 5^n 个测试用例，而边界值分析测试集的大小为 $4n+1$。最坏情况测试的最适合场合为各个物理变量之间存在大量的相互作用，而且函数失效的代价极高。在对测试有特别极端的要求时，应该采用健壮性最坏情况测试，这样测试用例集的大小将增大为 7^n。

特殊值测试可以看作边界值测试的一种特殊情况，是最直观且最难统一的，在特殊值测试中，测试人员利用其背景知识、在类似程序方面积累的经验及对软件软肋的了解来开发测试用例，也可以称为随机测试或者定制测试，该测试类型非常依赖于测试人员的个人能力，如日期测试中的 2 月 28 日、2 月 29 日、闰年等情况。尽管特殊值测试方法非常主观，但依据个人经验构造的测试用例集常常能更有效地发现故障，这也证明了软件测试的技艺性特征。

在所有的功能测试方法中，基于函数或程序输入域的方法是最基本、最初步的，只有特殊值测试是个例外。此类方法的共同假设是输入变量是相互独立的。如果不能保证这种独立性，就可能产生不正常的测试用例。这些方法可以从两个方面进行区分：从正常值或健壮值方面、从单故障假设或多故障假设方面。

2．等价类测试

边界值测试用例中，存在大量的冗余，同时如果详细研究边界值测试用例表还能够发现一些严重的缺漏。基于以上两点，可以使用等价类作为功能测试的基础，一是期望进行某种意义上的完备的测试，二是期望能够尽可能地避免冗余测试。

等价类的重要意义在于等价类构成了集合的划分。所谓的划分是指集合内互不相交的一组子集，它们的并集是集合的全集。使用等价类划分，互不相交性在某种程度上实现了测试用例的无冗余性，并集为全集则在某种程度上保证了测试的完备性。互不相交的子集由等价类来确定，故任一子集中的元素都具有一定的共性，等价类测试的根本思想是在每个等价类中只选择一个元素来构造测试用例。只要能够恰当地选择等价类，就能大大降低测试用例之间的冗余度，所以如何恰当地选择等价类是等价类测试的关键。

使用双变量函数来解释等价类测试的分类。函数 F 有两个变量 x_1 和 x_2，在程序实现时，假设变量的取值范围为 $a \leq x_1 \leq d$（取值区间为 $[a,b)$，$[b,c)$，$[c,d)$），$e \leq x_2 \leq g$（取值区间为 $[e,f)$，$[f,g)$），这些区间用来表示待测试程序内部的差异，由变量的取值区间可构成等价的笛卡尔积。依据测试用例构造是否基于多故障假设，等价类分为弱等价类、强等价类；依据测试用例构造是否考虑无效值，分为一般等价类、健壮等价类；基于以上两个方面，等价类测试可分为弱一般等价类、强一般等价类、弱健壮等价类、强健壮等价类。

弱一般等价类测试是基于单故障假设的，测试用例构造只使用一个等价类（区间）中的一个变量，如对于变量 x_1 和 x_2，使用最大的子集数 3，则构造的测试用例数量同最大子集数包含的类数是一样的，但是没有考虑变量 x_2 的影响。

强一般等价类测试与弱一般等价类测试不同，是基于多故障假设的，其测试用例应该覆盖等价类笛卡尔积中的每个元素。笛卡尔积的覆盖性保证了两种意义上的完备性，一是覆盖了所有的等价类，二是覆盖了所有可能的输入组合。强一般等价类测试用例构造是基于有效笛卡尔积的，对无效数据并未涉及。若考虑测试中使用无效值，则又分为弱健壮等价类测试和强健壮等价类测试。

弱健壮等价类测试中对于有效输入，每个有效类中仅取一个值（与弱一般等价类测试相同），对于无效输入，每个测试用例均要包含一个无效值，而其余都是有效的。强健壮等价类测试中测试用例构建于所有等价类笛卡尔积的各个元素。

在等价类测试中，弱等价类测试没有强等价类测试更易于理解；对于强类型程序设计语言无须进行健壮性测试，因为无效值会引发程序的运行错误；如果程序中的错误条件特别重要，比较适合采用健壮性测试；如果对输入数据的取值可以用区间和离散值集合来定义，那么适合采用等价类测试，也同样适用于在变量取值越界时会出现功能异常的系统。

3．基于决策表的测试

基于决策表的测试是所有功能测试方法中最严格的，因为决策表能够强化逻辑严密性。经常用到的还有两种密切相关的方法，因果图法和决策表法。决策表一直被用来表达和分析复杂逻辑关系，它非常适用于描述不同条件下存在大量动作组合的情况，决策表组成示意图如图 8-8 所示。

桩	规则 1	规则 2 和规则 3	规则 4	规则 5	规则 6	规则 7
c1	T	T	F	F	T	F
c2	T	F	T	F	—	T
c3	F	T	—	T	F	—
a1	×	×		×		
a2	×		×		×	
a3		×				×

图 8-8　决策表组成示意图

决策表由 4 部分组成：最左侧一列为桩，右侧是项，条件使用 c1、c2……来表示，动作用 a1、a2……来表示。这样能够指定条件桩、条件项、动作桩、动作项。在项的部分，每一列称为一条规则，规则确定在条件指示下所要采取的行动。在图 8-8 给出的决策表中，若 c1、c2 都为真而 c3 为假，则动作 a1 和 a2 发生；规则 4 中若 c1 为假、c2 为真，则动作 a2 发生，此时，c3 成为无关项。对无关项的解释为：条件无关或者条件不适用，无关使用"—"或者 N/A 表示。

在二值条件下，决策表的条件部分就变成了命题逻辑中真值表的转置。这种结构能够保证所有可能的条件组合都被考虑到，这也说明了使用决策表构建的测试用例具有完备性。若决策表中所有的条件都是二值的，则决策表被称为有限项决策表；若条件可以有多值的情况，则称为扩展项决策表。

为了使用决策表构造测试用例，可以把条件看作程序输入，把动作看作程序输出。有时条件可以解释为输入的等价类，而动作对应被测试部分的主要功能处理逻辑，这样规则就能够被解释为测试用例。由于决策表具备完备性，所以可以使用决策表构建完善的测试用例集。

综上所述，在功能测试中，边界值测试只是机械地生成测试用例，没有考虑数据依赖关系和逻辑依赖关系，因此容易实现自动化。等价类测试对数据依赖和函数本身有所考虑，但是其实施过程需要很多分析和思考，其中最重要的就是如何构建等价类及等价类的选择，构建完成后，其他的处理也可机械地进行。决策表测试最复杂，它要求测试人员同时考虑函数依赖关系和逻辑依赖关系，从决策表测试中可以看出，通常在最开始尝试时很难找出决策表中的所有条件，但是如果有了很好的条件集合，就能够保证得到的测试用例数量是最少的，而且具有完备性。最终结果是在构建与执行测试用例所需工作量之间做出适当权衡：简单易用的方法产生的测试用例数量庞大，导致执行时间过长；选择更复杂一些的测试方法，能通过缩短测试执行时间来提高效率。

8.3.3　结构测试

结构测试方法是基于被测试程序代码而不是基于其规格说明的。结构测试方法强调严格的定义、数学分析和精确度量。结构测试又分为路径测试和数据流测试。

1. 路径测试

路径测试需要从程序图入手进行分析，给定一段用命令式程序设计语言编写的程序，其构成的程序图是一种有向图，图中的节点表示语句片段，边表示控制流。如果 i 和 j 是程序图中的节点，当且仅当节点 j 对应的语句块（片段）可以在节点 i 对应的语句块（片段）之后立即执行时，则存在一条从节点 i 到节点 j 的边。程序图的重要性在于该程序的执行对应于从源节点到汇节点的路径，由于测试用例要使某条程序路径执行，因此可以用程序图表示测试用例和其测试的程序片段之间的关系。根据给定程序来构造程序图是非常容易的，难点在于需要对语句块（片段）做出选择，是将其作为独立的节点方便还是将其与其他语句块（片段）合并在一起更好。

结构测试中最著名的形式是基于 DD 路径（Decision-to-Decision Path）结构的，所谓 DD 路径是指一个语句序列，从一条判断语句的出口开始到下一条判断语句的入口结束。由于这样的序列中没有内部分支，因此其对应的程序源代码如排列起来的多米诺骨牌，当第一张牌被推倒后，其他牌会依次被推倒。

在有向图中，可以用节点路径来定义 DD 路径，这些路径也可以称作链，是一条起始节点不同于终止节点的路径，并且每个内部节点的入度和出度都为 1。如图 8-9 所示，图中链的长度（边的数量）为 5。

图 8-9　有向图节点链

路径测试中利用集合结合向量空间来定义基路径测试，如果把程序看成一种向量空间，则这个空间的基就是需要测试的元素的集合；如果基没有问题，则认为基于基向量生成的整个向量空间或基所表示的一切都是没有问题的。

路径测试与功能测试相比，离源程序更近，但其机械地将源代码表达为有向图和程序路径，在一定程度上会掩盖源代码中的重要信息，即掩盖了可行路径与不可行路径的区别。使用基于路径的测试可以实现对功能测试的交叉检查，可以利用这些指标来解决功能测试中漏洞和冗余的问题。如果发现同一条程序路径被多个功能测试用例遍历，可以认为这种冗余对于发现新故障是无用的；如果程序测试没有达到一定的 DD 路径覆盖，则认为功能测试用例是有漏洞的。例如测试程序中的大量的错误处理，采用边界值测试用例，由于边界测试中的值都是允许值，则对于错误处理代码的 DD 路径是不能够被遍历的；如果增加健壮性测试或等价类测试用例，则对 DD 路径的覆盖度会提高。

2．数据流测试

大多数程序的功能是通过数据来表现的，表示数据的变量接受值，并用来计算其他变量的值。数据流测试考查变量接受值（点）和使用（引用）这些值（点）的路径，是结构测试方法的一种，可以用作路经测试的真实性检验。数据流测试方法基于大量的数学定义，在此不再赘述，只做相应总结。数据流测试适用于计算密集型程序，在控制密集型程序中，如果控制变量是计算得到，则数据流测试也是非常实用和有效的。

任务 8.4　软件测试层次

瀑布模型是一种传统的软件开发模型，强调测试的基本层次，构成一种 V 字形结构，如图 8-10 所示。在该模型中，各个开发阶段产生的信息是构造层次测试用例的基础，如需求规格说明与系统测试用例对应，单元详细设计与单元测试用例对应等。

图 8-10 瀑布模型结构生命周期

假设采用功能测试，使用自底向上的测试顺序，首先测试单个组件，然后将测试后的组件集成到子系统中，直到整个系统全部测试完毕。系统测试应该是客户（或用户）能够理解的活动，常常与客户验收测试结合在一起进行。一般来说，系统测试采用功能测试，而非结构测试，主要原因是缺乏更高层次的结构表示法。

瀑布模型与通过功能分解进行的自顶向下开发和设计流程密切相关，在概要设计阶段的最终结果是将整个系统的功能分解为由功能构建构成的树形结构。利用这种树形分解结构，自顶向下的集成从主程序开始，检查对下层过程的调用，然后依据树形结构继续向下测试。对于每个测试用例，下层单元的实际代码由桩（桩是占据实际代码位置的一次性代码）代替。自底向上的集成则相反，在自底向上的集成过程中，较高层单元被驱动器（驱动器是模拟过程调用的一次性代码）所替代。无论采用哪种方法，传统集成测试的目标是根据功能分解树把已被测试过的单元集成在一起，但是这种过程没有提供多少关于测试技术的信息。

为了弥补软件开发的瀑布模型存在的不足，人们相继提出了一些改进的生命周期模型，这些新模型从强调功能分解转向强调合成。相对于分解而言，合成更接近人们的工作方式：从已知或已理解的内容开始构建，随后逐步递进，在构建过程中如有必要可以删除不需要的部分。基于瀑布开发模型派生出 3 种主要模型：增量开发模型、演化开发模型、螺旋模型。每种模型都包括如图 8-11 所示的一系列有序流程和构建，其构建方法都包括从详细设计到测试的一般瀑布式开发流程，系统测试被分成回归测试和累进测试两步，这是新模型与瀑布模型的重要区别。

图 8-11 有构建序列的生命周期

在新模型中，概要设计依然是一个完整的阶段，具有相对独立性，因此集成测试在新模型中不会受到影响，影响一系列构建的主要因素是回归测试，其目标是保证在前一个构建阶段正常工作的功能，在下一个阶段或环节中增加了新的代码之后仍然能正常工作。新模型中的累进测试的前提是回归测试是成功的，并且新增功能是可测试的。由于在系统中存在波及效应，即任何微小的变化都会使其所在系统产生一系列的响应，所以引入回归测试对新模型的一系列构建是绝对必要的。

在增量模型中，标志构建通常是为了均衡组织结构，大多数组织都不能承担纯瀑布式开发模型从详细设计到单元测试所需的大量人力资源，因此将系统划分为若干个现有人力能够支持的构建。在演化模型中，也需要假设一系列构建，但是只需要定义第一个构建，并根据它来标志后续构建，其顺序通常与用户（或客户）对系统要求的优先级一致，使得系统开发能够满足用户不断变化的需求。螺旋模型是快速原型和演化开发的结合，它首先采用快速原型法定义一个构建，然后根据与开发技术相关的风险因素，进行后续构建的决策（继续或停止）。

快速原型法也可以解决"完全理解"问题（功能分解得成功必须建立在完全理解系统的基础之上）。快速原型法通过快速缩短规格说明到交付客户的反馈周期，以尽早生成综合模式来解决这个问题，该方法交付一种快速的、仍不完善的系统模型，用以启发客户及时提出反馈意见，并依照反馈意见产生多个可能。在开发过程中，一旦开发人员与客户双方就某原型表示的系统达成一致，开发人员就开始着手按照相应的规格说明构建系统。从某种意义上来说，每一种瀑布模型的改进模型都可以在快速原型法开发过程中使用。快速原型法生命周期如图8-12所示。

图 8-12　快速原型法生命周期

快速原型法对集成测试没有特别的要求，但对系统测试有。可以把原型法生命周期看作是构建系统的信息收集过程，然后以传统的方式生成需求规格说明，或者获取用户使用原型的所有可能信息，将其定义为重要场景，然后使用这些场景作为系统测试用例。

可执行规格说明用某种可执行格式来描述需求，是快速原型法的一种扩展，用户执行这种规格说明，以观察所要实现的系统行为，提供反馈信息。可执行规格说明模型如图8-13所示。

图 8-13 可执行规格说明模型

8.4.1 集成测试

集成测试是软件测试层次中最难以执行的测试层次，如上述提到的内容，系统功能分解可以得到分解树的形式，是集成测试常用视图的基础，此种分解是对系统功能划分的打包，随着软件设计逐步深入，信息逐步增减，能够将功能分解树进一步细化，生成单元调用图；在有向的单元调用图中，节点代表程序单元，边则代表程序调用，如单元 A 调用单元 B，则在单元调用图中有一条从 A 节点指向 B 节点的边，而该有向图结构可以使用邻接矩阵表示。无论是调用图或邻接矩阵都能够加深测试人员对系统的认识。入度和出度高的节点对集成测试来说非常重要，可以通过主程序到汇接点的路径对增量开发构建内容进行标志。在此主要说明基于功能分解的集成和基于调用图的集成。

1．基于功能分解的集成

以功能分解树为基础的系统集成策略有：自顶向下策略、自底向上策略、混合策略等。这些集成策略都描述了单元在系统中被集成的顺序，而集成测试的基础正是功能树，该树形结构通常从源码中推导而来，这些代码显示了以单元为基础的系统结构，所有策略的前提是单元测试已经成功完成，基于功能分解树的集成策略目标是测试已通过独立测试的单元间的接口。

1）自顶向下集成

自顶向下集成从主程序（树根）开始，被主程序调用的任一下层单元都作为桩出现。一般来说，进行自顶向下集成测试的第一步就是为被主程序调用的所有单元开发桩。一旦为主程序开发了所有的桩，则对主程序进行测试犹如对一个标准独立单元进行测试，可以使用适当的功能测试和结构测试方法进行故障查找。在确认主程序逻辑正确后，可以逐渐使用实际代码取代桩。如图 8-14 所示的集成测试，执行自顶向下集成时，开发第一层功能分解中的 3 个桩，共有 3 个集成会话，在每一个会话中，有一个组件使用已通过单元测试的实际代码，其余两个是桩，采用功能分解树的广度优先遍历策略。

自顶向下集成测试需要面临的问题是测试次数，如以上测试中，一次只替代一个桩，则每执行一次替代都要进行一次测试，这就意味着，每替代一次桩要对所有桩进行一次测试，共需重复 4 次集成测试。

图 8-14　自顶向下集成

2）自底向上集成

自底向上集成是自顶向上集成的反方向，区别是自底向上测试不适用桩，而是使用模拟功能分解树上一层单元的驱动器。首先从分解树的叶子开始，使用专门编写的驱动程序进行测试，开发驱动器所需代码量一般比桩少，但是驱动器较桩更复杂。

3）混合集成

混合集成是自顶向下和自底向上集成的组合。开发桩和驱动器的工作量都比较小，但在一定程度上增加了定位故障的难度。

总之，基于功能分解的方法是所有方法中最清晰的，由经过测试的组件构建，一旦发现失效问题，只需对最新加入的单元进行检查，集成测试过程很容易通过分解树进行跟踪，如果树很小，随着节点被成功集成，树将逐渐变成节点。在集成过程中，除了采用广度优先方式遍历外，还可以使用深度优先方式遍历分解树。基于功能分解集成测试的基础是根据系统结构集成单元，要获得正确的系统行为需要由正确、独立的单元和正确的接口来保证；另外开发桩和驱动器的工作量也是其缺点之一，如果给定一个分解树，则集成测试所需的会话数为节点数-叶子数+边数，集成测试的会话数量也就是所需要的单独的集成测试用例集数量；对于自顶向下集成，需要开发节点数-1 个数目的桩；对于自底向上集成，需要开发节点数+叶子数个数目的驱动器。

2. 基于调用图的集成

基于调用图的集成主要从减少开发桩和驱动器的工作量方面考虑，调用图是一种有向图，可以像程序图一样来使用。基于调用图的集成主要有成对集成和相邻集成两种形式。

1）成对集成

成对集成是基于如下假设的：集成测试会话只能发生在调用图中的一对单元上，则对应调用图中的每条边都有一个集成测试会话，虽然没有减少代码的工作量，但是可以大大减轻桩和驱动器的开发工作。

2）相邻集成

在调用图中，节点的邻居包括所有最近的前驱节点和所有最近的后继节点，这些节点在测试中与节点的桩和驱动器集合相对应。对于给定的调用图，可以计算出节点的邻居数量，可以大大减少集成测试会话的数量，从而避免桩和驱动器的开发工作。

基于调用图的集成是对底层的一种改进，减少了开发桩和驱动器的工作量，而且与基于构建和合成的系统能够很好地匹配。

8.4.2　系统测试

系统测试在测试的层次中，更加接近我们的日常生活，即依据对产品的期望进行评估，而不是根据规格说明或标准进行评估。测试的目标是为了证明系统性能而非找出系统故障，因此系统测试更倾向于功能测试，而不是结构测试。系统测试多是基于线索的，线索有多种形式，如可以为普通应用的场景，或者是系统级测试用例，又或是由系统级输入序列产生的行为等。

线索有多个不同的级别：单元级线索通常被理解为源指令执行时间路径或 DD 路径；集成级线索是 MM 路径，即模块执行和消息传递交替序列；系统级线索是原子系统功能（指根据端口输入和输出事件在系统级上可观测的行为）的序列。原子系统功能在输入和输出时有端口事件，所以原子系统功能序列必然是端口输入和输出事件的交替序列。由以上描述可以看出，线索能够提供 3 个层次测试的统一视图：单元测试检验单个函数、集成测试检测单元之间的交互、系统测试检查原子系统功能之间的交互。

进行系统级的线索测试，可以建立系统状态机的层次结构，使用有限状态机，通过实际端口输入事件引发转移，转移的行为是端口输出事件，则声称这些线索的系统测试用例就成为一种机械过程，只要简单追踪转移路径，并在遍历路径时标注端口输入事件和端口输出事件就可以了。线索测试的结构策略有：自底向上组织线索、节点与边覆盖指标。线索测试的功能策略有：基于事件的线索测试、基于端口的线索测试、基于数据的线索测试。

在系统测试中，需要进行累进测试和回归测试。回归测试的目的是当构建 2 加到构建 1 上时，在测试构建 2 的新内容的同时还要再次测试构建 1，查看新内容对构建 1 的影响，确保对现有系统的修改没有引发新的故障。直接重复系统测试过程是回归测试最常用的方法，还可以依据回归测试的目标和累进测试的目标之间的关系对测试线索进行选择，以改进这种方法，并减少工作量。累进测试将测试新内容，其预期失效率要高于回归测试。从覆盖角度考虑，累进测试和回归测试都需要大范围的覆盖，但是覆盖密度不同，对于累进测试线索来说，状态和转移覆盖指标分布稀疏；对回归测试线索来说，分布是稠密的；所以好的回归测试线索系统操作频率较低，而累进测试线索系统操作频率较高。

8.4.3　交互性测试

交互是引发系统故障和实现的重要原因，但由于交互引发的系统故障往往隐藏较深，即使进行大量的测试有时也难以发现，并且很多在交付使用的系统运行一段时间之后才会逐步显现。

由于交互的常见性，描述和测试系统的交互是一项较困难的工作，特别需要关注的是软件控制系统的交互问题，尤其是非预期的交互，所以讨论范围限定在基本系统结构内，即行为、数据、事件、端口和线索的交互。建立交互语境的一种方式是把系统交互看作这 5 种基本结构之间的相互关系，同时把局部点看作第 6 种实体，或者看作其他 5 种实体的一种属性。局部点又具有时间和位置两种要素。

将局部点的两个要素作为交互形式分类的有效依据，某些交互形式完全独立于时间（称为静态交互），某些交互依赖于时间，如一个事务作为另一个事务的前提发生（称为动态交互）。再加入单处理器和多处理器来进行细分，则交互类型有：单处理器的静态交互、多处理器的静态交互、单处理器的动态交互、多处理器的动态交互。对于交互性的测试，只能运行尽可能多的测试用例来完成，别无他法。

任务 8.5　面向对象软件测试

8.5.1　面向对象软件测试定义

典型的面向对象程序具有继承、封装和多态的特性，这使得传统的测试策略必须有所改变。封装是对数据的隐藏，外界只能通过被提供的操作来访问或修改数据，这样降低了数据被任意修改和读写的可能性，降低了传统程序中对数据非法操作的测试。继承是面向对象程序的重要特点，继承使得代码的重用率提高，同时也使错误传播的概率提高。继承使得传统测试遇见了这样一个难题：对继承的代码究竟应该怎样测试？多态使得面向对象程序对外呈现出强大的处理能力，但同时也使得程序内"同一"函数的行为复杂化，测试时不得不考虑不同类型具体执行的代码和产生的行为。

面向对象程序是把功能的实现分布在类中，能正确实现功能的类，通过消息传递来协同实现设计要求的功能。正是这种面向对象程序风格，能够将出现的错误精确定位在某一具体的类。因此，在面向对象编程阶段，忽略类功能实现的细则，将测试集中在类功能的实现和相应的面向对象程序风格，主要体现在以下两个方面。

1. 数据成员是否满足数据封装的要求

数据封装是数据和数据有关的操作的集合。检查数据成员是否满足数据封装的要求，基本原则是数据成员是否被外界（数据成员所属的类或子类以外的调用）直接调用。更直观地说，当改编数据成员的结构时是否影响了类的对外接口，是否会导致相应外界必须改动。值得注意的是，有时强制的类型转换会破坏数据的封装特性。

2. 类是否实现了要求的功能

类所实现的功能，都是通过类的成员函数执行的。在测试类的功能实现时，应该首先保证类成员函数的正确性。单独地看待类的成员函数，与面向过程程序中的函数或过程没有本质的区别，几乎所有传统的单元测试中所使用的方法都可以在面向对象的单元测试中使用。类函数成员的正确行为只是类能够实现要求的功能的基础，类成员函数间的作用和类之间的服务调用是单元测试无法确定的。因此，需要进行面向对象的集成测试。需要着重声明，测试类的功能，不能仅满足于代码能无错运行或被测试类能提供的功能无错，应该以所做的面向对象设计结果为依据，检测类提供的功能是否满足设计的要求，是否有缺陷。必要时还应该参照面向对象分析的结果，以之为最终标准。

8.5.2　测试计划

测试计划是用来指导后续测试工作的规范文档，用来规划测试的进度、详细时间、人员、风险等事项。按照计划走，在实际执行过程中会少走弯路，碰到问题，大多也会很容易就得到解决，或找到合适的解决办法。

测试计划也有很多种类，有整体测试计划，有阶段的测试计划，这要看所在的组织实际项目情况来定，总的来说有《项目测试计划》《系统测试计划》《集成测试计划》《单元测试计划》。

计划的编制需要建立在丰富的项目经验的基础上，才能充分把控整个项目的走向，指导并引导测试工作朝着正确的方向健康地发展。

测试计划在什么时候开始编写，是在项目计划确定后，还是在需求规格基线之后，还是在详细设计完成之后？其实这个问题比较笼统，要说明做什么测试计划？测试计划都是要以需求作为依据的，明确了需要测什么，才能确定怎么测。《项目测试计划》是以《项目计划》为输入，服从于《项目计划》，以《项目计划》为参考标准制定的；《系统测试计划》对应的是《需求规格说明》；《集成测试计划》和《单元测试计划》对应的分别是《概要设计》和《详细设计》。如果就《项目测试计划》而言，可以在需求调研阶段就介入并开始着手编写，在《项目计划》确定并通过评审后正式定制。实际情况中，一般只编写一份测试计划，这就是泛讲的测试计划。这份计划如果有条件就要从需求调研阶段介入，开始了解项目的需求和目标，在《需求规格说明》基线后，开始制定《测试计划》。

测试计划主要包含以下内容。

- 测试范围，描述本次测试哪些要测，哪些不测，包括功能、性能、模块等。
- 测试策略，也就是怎么测，如何测。
- 测试类型，清晰地列出都采取何种测试，如功能测试、GUI 测试等，每种测试类型中还要说明测试的目标、采用的技术、完成的标准及相关的特殊事项等。
- 测试工具，测试需要用到的工具，包括名称、厂商及版本号。
- 测试资源，包括软硬件资源、人力资源等。
- 异常事项的处理，如遇到争执不下的问题，如何解决，找谁去裁决等。
- 测试的挂起与恢复，即在什么情况下测试不再继续执行，满足什么条件再继续，以减少人员闲置、浪费资源。
- 测试风险，需要详细列出测试过程中可能会出现的风险及规避的方法，如人员可能不稳定，会被其他项目借走，那么测试工作应该如何应对。
- 测试进度，详细地列出任务、时间、人员及所需工时。
- 测试结束标准，说明满足什么条件本次测试工作才可以算结束。
- 输出，明确测试结束后，需要交付的所有文档。

以上就是基本的测试计划需要包括的内容了，可以根据实际情况添加或删减。

测试计划制定完成后，需要审核计划的正确性、全面性、可行性。在项目结束后，还应该对测试计划的执行情况进行分析总结，作为以后项目测试计划的经验积累下来，以提高测试计划的质量。

8.5.3 面向对象的测试

1．面向对象的单元测试

一些传统的测试方法在面向对象的单元测试中都可以使用，如等价类划分法、因果图法、边值分析法、逻辑覆盖法、路径分析法、程序插装法等。单元测试一般建议由程序员完成。

用于单元级测试进行的测试分析（提出相应的测试要求）和测试用例（选择适当的输入，达到测试要求）的规模和难度等均远小于对整个系统的测试分析和测试用例，而且强调对语句应该有 100%的执行代码覆盖率。在设计测试用例选择输入数据时，可以基于以下两个假设。

（1）如果函数（程序）对某一类输入中的一个数据正确执行，对同类中的其他输入也能正确执行。

（2）如果函数（程序）对某一复杂度的输入正确执行，对更高复杂度的输入也能正确执行。例如，需要选择字符串作为输入时，基于本假设，就无须计较字符串的长度，除非要求字符串的长度是固定的，如 IP 地址字符串。在面向对象程序中，类成员函数通常都很小，功能单一，函数之间调用得频繁，容易出现一些不宜发现的错误。因此，在做测试分析和设计测试用例时，应该注意面向对象程序的这个特点，仔细地进行测试分析和设计测试用例，尤其是针对以函数返回值作为判断条件、字符串操作等情况。

面向对象编程的特性使得对成员函数的测试不完全等同于传统的函数或过程测试，尤其是继承特性和多态特性，使子类继承或重载的父类成员函数出现了传统测试中未遇见的问题。其中主要考虑以下两个方面的问题。

（1）继承的成员函数是否需要测试。对父类中已经测试过的成员函数，有两种情况需要在子类中重新测试：①继承的成员函数在子类中做了改动；②成员函数调用了改动过的成员函数的部分。例如：

假设父类 Bass 有两个成员函数：Inherited()和 Redefined()，子类 Derived 只对 Redefined()做了改动。Derived::Redefined()显然需要重新测试。对于 Derived::Inherited()，如果它有调用 Redefined()的语句（如 x=x/Redefined()），就需要重新测试，反之，无此必要。

（2）对父类的测试是否能照搬到子类。沿用上面的假设，Base::Redefined() 和 Derived::Redefined()已经是不同的成员函数，它们有不同的服务说明和执行。对此，照理应该对 Derived::Redefined()重新测试分析，设计测试用例。但由于面向对象的继承使得两个函数有相似，故只需在 Base::Redefined()的测试要求和测试用例上添加对 Derived::Redefined()新的测试要求和增补相应的测试用例。例如，Base::Redefined()含有如下语句：

```
If (value<0) message ("less");
else if (value==0) message ("equal");
else message ("more");
```

Derived::Redefined()中定义为：

```
If (value<0) message ("less");
else if (value==0) message ("It is equal");
else
{message ("more");
if (value==88)message("luck");}
```

在原有的测试上，对 Derived::Redefined()的测试只需做如下改动：将 value==0 的测试结果期望改动；增加 value==88 的测试。

多态有几种不同的形式，如参数多态、包含多态、重载多态。包含多态和重载多态在面向对象语言中通常体现在子类与父类的继承关系，对这两种多态的测试参见上述对父类成员函数继承和重载的论述。包含多态虽然使成员函数的参数有多种类型，但通常只是增加了测试的繁杂程度，具有包含多态的成员函数测试，只需要在原有测试分析基础上扩大测试用例中输入数据的类型。

2. 面向对象的集成测试

传统的集成测试，是自底向上通过集成完成的功能模块测试，一般可以在部分程序编译完成的情况下进行。而对于面向对象程序，相互调用的功能是散布在程序的不同类中的，类通过消息相互作用申请和提供服务。类的行为与它的状态密切相关，状态不仅体现在类数据成员的值，也许还包括其他类中的状态信息。由此可见，类相互依赖极其紧密，根本无法在编译不完全的程序上对类进行测试。所以，面向对象的集成测试通常需要在整个程序编译完成后进行。此外，面向对象程序具有动态特性，程序的控制流往往无法确定，因此也只能对整个编译后的程序做基于黑盒的集成测试。

面向对象的集成测试能够检测出相对独立的单元测试无法检测出、类相互作用才会产生的错误。基于单元测试对成员函数行为正确性的保证，集成测试只关注系统的结构和内部的相互作用。面向对象的集成测试可以分成两步进行：先进行静态测试，再进行动态测试。

静态测试主要针对程序的结构进行，检测程序结构是否符合设计要求。现在流行的一些测试软件都能提供"可逆性工程"的功能，即通过原程序得到类关系图和函数功能调用关系图，将"可逆性工程"得到的结果与面向对象设计的结果相比较，检测程序结构和实现上是否有缺陷。换句话说，通过这种方法检测面向对象编程是否达到了设计要求。

动态测试设计测试用例时，通常需要上述的功能调用结构图、类关系图或者实体关系图为参考，确定不需要被重复测试的部分，从而优化测试用例，减少测试工作量，使得进行的测试能够达到一定覆盖标准。测试所要达到的覆盖标准可以是：达到类的所有服务要求的一定覆盖率；依据类间传递的消息，达到对所有执行线程的一定覆盖率；达到类的所有状态的一定覆盖率等。同时也可以考虑使用现有的测试工具来得到程序代码执行的覆盖率。

具体设计测试用例，可参考下列步骤。

（1）先选定检测的类，参考面向对象分析结果，仔细分析出类的状态和相应的行为、类或成员函数间传递的消息、输入或输出的界定等。

（2）确定覆盖标准。

（3）利用结构关系图确定待测类的所有关联。

（4）根据程序中类的对象构造测试用例，确认使用什么输入激发类的状态、使用类的服务和期望产生什么行为等。

值得注意的是，设计测试用例时，不但要设计确认类功能满足的输入，还应该有意识地设计一些被禁止的例子，确认类是否有不合法的行为产生，如发送与类状态不相适应的消息，要求不相适应的服务等。根据具体情况，动态的集成测试有时也可以通过系统测试完成。

3．面向对象的系统测试

通过单元测试和集成测试，仅能保证软件开发的功能得以实现，还不能确认在实际运行时，它是否满足用户的需要，是否大量存在实际使用条件下会被诱发产生错误的隐患。为此，对完成开发的软件必须经过规范的系统测试。换个角度来说，开发完成的软件仅仅是实际投入使用系统的一个组成部分，需要测试它与系统其他部分配套运行的表现，以保证其在系统各部分协调工作的环境下也能正常工作。系统测试应该尽量搭建与用户实际使用环境相同的测试平台，保证被测系统的完整性，对临时没有的系统设备部件，也应有相应的模拟手段。系统测试应该参考面向对象分析的结果，对应描述的对象、属性和各种服务，检测软件是否能够完全"再现"问题空间。系统测试不仅是检测软件的整体行为表现，从另一个侧面看，也是对软件开发设计的再确认。

系统测试是对测试步骤的抽象描述，它体现的具体测试内容如下。

（1）功能测试：测试软件是否满足开发要求，能否提供设计所描述的功能，用户的需求是否都得到满足。功能测试是系统测试最常用和必需的测试，通常以正式的软件说明书为测试标准。

（2）强度测试：测试系统的能力最高实际限度，即软件在一些超负荷的情况的功能实现情况，如要求软件某一行为的大量重复、输入大量的数据或大数值数据、对数据库大量复杂的查询等。

（3）性能测试：测试软件的运行性能。这种测试常常与强度测试结合进行，需要事先对被测软件提出性能指标，如传输连接的最长时限、传输的错误率、计算的精度、记录的精度、响应的时限和恢复时限等。

（4）安全测试：验证安装在系统内的保护机构确实能够对系统进行保护。安全测试时需要设计一些测试用例试图突破系统的安全保密措施，检验系统是否有安全保密的漏洞。

（5）恢复测试：采用人工的干扰使软件出错并中断使用，检测系统的恢复能力。特别是通信系统在恢复测试时，应该参考性能测试的相关测试指标。

（6）可用性测试：测试用户是否能够满意使用。具体体现为操作是否方便、用户界面是否友好、安装/卸载测试等。

系统测试需要对被测的软件结合需求分析做仔细的测试分析，建立测试用例。

8.5.4 测试类的层次结构

继承作为代码复用的一种机制，是面向对象软件开发产生巨大吸引力的一个重要因素。继承是由扩展、覆盖和特例化 3 种基本机制实现的。其中，扩展是子类自动包含父类的特征；覆盖是子类中的方法与父类中的方法有相同的名字和消息参数的接口，但方法的实现不同；特例化是子类中特有的方法和实例变量。好的面向对象程序设计要求通过非常规范的方式使用继承——即代码替代原则。在这种规则下，为一个类确定的测试用例集对该类的子类也是有效的。因此，额外的测试用例通常应用于子类。通过仔细分析根据父类定义的子类的增量变化，有时候子类中的某些部分可以不做执行测试，因为应用于父类中的测试用例所测试的代码被子类原封不动地继承。

类的层次结构测试就是用来测试类的继承关系的技术，主要是用来测试层次关系的一系列类（包括父类和子类）。其测试的方法有用于测试子类的分层增量测试和用于测试父类的抽象类测试。

分层增量测试指通过分析来确定子类的哪些测试用例需要添加，哪些继承的测试用例需要运行，以及哪些继承的测试用例不需要运行。

从基类派生出派生类时，不必为那些未经变化的操作添加基于规范的测试用例，测试用例能够不加修改地复用。如果测试的操作没有以任何方式加以修改，就不必运行这些测试用例中的任何一个。如果一个操作的方法被间接地修改了，不但需要重新运行那些操作的测试用例，还需要运行附加的测试用例。

8.5.5 分布式对象测试

为了获得灵活性和伸展性，许多系统都被设计成多个充分独立的部件，每个部件可以存在于一个独立的进程中，而整个系统的运行会需要启动多个进程。这些进程不是分布在一台机器上，而是分布在多台机器上，借助于计算机通信或网络实现它们相互之间的协作，从而构成一个分布式的系统。在客户机/服务器模型中，客户机和服务器部件被设计成存在于独立的进程中，服务器提供数据计算、处理、存储等管理工作，客户端接受用户的输入、请求、显示结果等工作，两者分工不同。还可以构造分布式服务器集群，通过并行技术实现复杂的或巨量的计算；也可以构造没有服务器的、分布式的、由客户端构成的对等网络（P2P）系统。

1．分布式对象的概念和特点

线程是一个操作系统进程内能够独立运行的内容，它拥有自己的计数器和本地数据，是能够被高度执行的最小单位。面向对象语言通过隐藏接口的属性或在某些情况下使线程对对象做出反应，以此提供一些简单的同步手段。这就意味着在对象接口中同步是可见的，如何传递消息是同步中最关键的一环。在这种情况下，类测试并不能发现很多同步错误，只有当一系列对象交互作用时才真正有机会发现错误。

当软件包含多个并发进程时，其特点是不确定性，完全地重复运行一个测试是很困难的。

线程的执行是由操作系统安排的，与系统测试无关的程序变化可能会影响测试中的系统线程执行顺序。这就意味着如果出现失败，缺陷就必须被隔离并修复，不能因为在一个特定执行中没有发生错误就肯定缺陷被消除了。一般使用下列技术之一来进行测试。

（1）在类的层次上进行更彻底的测试。对用来产生分布式对象的类进行设计检查，确定类设计中是否提供了恰当的同步机制，动态类测试要确定在受控制的测试环境中同步是否正常。

（2）在记录事件发生顺序的同时，执行大量的测试用例。这就增大了执行所有事件序列的可能性，而我们努力想发现的问题正是来源于事件执行的顺序，如果一一执行所有的顺序，就能找到这些问题。

（3）指定标准的测试环境。从一台尽可能简单的机器开始，包括尽可能少的网络、其他共享设备互联，并确定应用程序能够在这个平台上运行。然后安装一套基本的应用程序，它将一直在此机器上运行。每个测试用例都应该描述在标准环境下所做的任何修改，还要包括进程开始的顺序。标准环境下的程序应允许测试者控制线程的创建、执行和删除的顺序。环境越大，共享和网络化的程度越高，要保持环境的一致性就越难。应该配有测试实验室，并把测试机器与公共网络的其他部分隔离，这些机器专门用于测试进程。

2．分布式对象测试中需要注意的问题

（1）局部故障。由于以分布式系统为主的机器上的软件或硬件可能出错，分布式系统的部分代码有可能就不能执行，而运行在单一机器上的应用程序是不会遇到这类问题的。局部出错的可能性使我们应考虑针对网络连接的断开、失灵或关闭网络上的一个节点而发生故障的这类测试。这一点可以在实验室内进行实现。

（2）超时。当一个请求发送到另一个系统时，网络系统通过设置定时器来避免死锁。如果在指定的时间内没有得到任何的响应，系统就放弃这个请求，这可能是由于系统死锁或是网络上的机器太忙以致反应的时间比规定的时间要长。当出现请求被回答或未被回答时，软件应该能够做出正确的反应，当然在这两种情况下反应是不同的。在网络机器上运行测试时，必须加载多种配置。

（3）结构的动态性。分布式系统通常具有依靠多种机器加载来改变自身配置的能力，比如特定请求的动态定向，系统的设计要允许多种机器参与进来，而且系统也需要根据大量的配置来重复测试。另外，可使用如正交阵列测试系统这样的技术来选择一套特殊的测试配置。

（4）线程。作为时间高度的计算单元引进了线程的概念。在设计中，基本的权衡是以线程的数量为中心的。增加线程的数量可以简化一定的算法和技术，但线程执行的顺序出现风险的机会更大。减少线程的数量可以减少这种顺序问题，但会使软件更为刻板而且通常效率会更低。

（5）同步。当两个或两个以上的线程都必须访问一个存储空间时，就需要一定的机制来避免两个线程相互冲突，而且两个线程可能会同时对数据进行修改。在面向对象的语言中同步会显得更为简单，因数这种机制局限于一般数据属性的修改方法，而且有不止一个特定的方法来避免实际数据的直接存取。

任务 8.6　软件测试报告

测试报告是测试阶段最后的文档产出物，优秀的测试经理应该具备良好的文档编写能力。一份详细的测试报告应包含足够的信息，包括产品质量和测试过程的评价、测试中的数据采集及对最终的测试结果的分析。

下面举例测试报告模板。

××软件测试报告

共×页

拟制：　　　　　　　年　　　月　　　日

审核：　　　　　　　年　　　月　　　日

会签：　　　　　　　年　　　月　　　日

批准：　　　　　　　年　　　月　　　日

1．范围

本文档适用于××软件的单元/集成测试。

1.1　系统概述

1.2　文档概述

本文档用于对××软件的测试工作阶段成果的描述，包括对软件测试的整体描述、软件测试的分类和级别、软件测试的过程描述、软件测试的结果等内容。

2．引用文档

《××软件需求规格说明》

《××软件设计说明》

《××系统接口协议》

3．测试概述

3.1　被测软件的基本概况

使用的编程语言：（略）。

程序行数：（略）。

子程序个数：（略）。

单行注释行数：（略）。

注释率：（略）。

3.2　测试小结

本次测试对 XX 软件进行了静态分析和动态测试。在静态分析阶段，软件测试人员和开发人员分别对软件 V1.00 版本的代码进行走读。在此基础上软件开发人员对代码走查中发现的问题进行了修改，做了 97 处代码变更并提交了 V1.01 版本进行动态测试。

在测试过程中针对发现的软件缺陷进行了初步分析，并提交程序设计人员对原软件中可能存在的问题进行考察。

3.2.1　静态分析小结

静态测试采用人工代码走查的方式进行。参加代码走查的软件开发人员有：（略）；参加代码走查的软件测试人员有：（略）。代码走查以代码审查会议的形式进行，静态分析过程中共进行了 4 次会议审查。静态测试阶段的主要工作内容如下：

- 根据对软件源代码的分析绘制详细的程序流程图和调用关系图；
- 对照软件源代码和流程图进行程序逻辑分析、算法分析、结构分析和接口分析；
- 对软件源代码进行编程规范化分析。

通过静态测试查找出软件的缺陷 18 个，其中：

- 轻微的缺陷 4 个，占所有缺陷的 22.2%；
- 中等的缺陷 11 个，占所有缺陷的 61.1%；
- 严重的缺陷 3 个，占所有缺陷的 16.7%。

上述软件缺陷见附件《软件问题报告单》。

3.2.2　动态测试小结

动态测试使用的测试工具为×××软件集成开发环境。

总共的测试用例数：143 个，全部由测试人员人工设计。

其中单元测试用例 138 个，集成测试用例 5 个。

发现的软件缺陷有 2 个，都是在单元测试过程中发现的。集成测试阶段未发现新的软件缺陷。在发现的软件缺陷中：

● 中等的缺陷 1 个，占所有缺陷的 50%；

● 严重的缺陷 1 个，占所有缺陷的 50%。

上述软件缺陷见附件《软件问题报告单》。

动态测试中代码覆盖率：

● 代码行覆盖率　　　　　　　　100%；

● 分支覆盖率　　　　　　　　　100%；

● 程序单元调用覆盖率　　　　　100%。

3.2.3　回归测试小结

对软件测试过程中发现的缺陷经软件开发人员确认后进行了代码更改，并对更改后的代码进行了回归测试。本报告中的数据是回归测试后的测试数据。

3.3　测试分析

下面对此次软件测试中的所有缺陷及改进设计进行分析。

静态测试中的缺陷分析：

4 个轻微缺陷属于代码冗余，由于在程序设计中加入了部分调试程序，在程序设计完成后未将这些调试代码注释或删除掉而造成代码冗余，但对程序本身的功能并无影响。修改后程序的效率得到提高。

11 个中等缺陷属于注释变更，在源代码的注释中存在注释不准确的问题，会影响程序员对程序的理解，修改后的程序提高了程序的可读性。

重点分析 3 个严重缺陷：

第一个严重缺陷属于××号的无效判别和相应的处理问题。程序对××号进行无效判别时，判别界限并不完全，在本跟踪程序中××号的有效数为 01～10，而判别无效时只判了为 00 的情况，没有判别大于 10 的情况。而且在为 00 时也没有做出相应的处理，修改后的程序对设计进行了改进，详见改进设计分析 3。

第二个严重缺陷属于程序设计中读取地址错误问题。经分析在调试中读取的数据是正确的，但是读取的地址与设计初衷不相符，修改后问题得到了解决，详见改进设计分析 1。

第三个严重缺陷是近区/远区子程序判断与进入条件反了。经分析对程序的影响不大，但与设计初衷不一致，修改后问题得到了解决，详见改进设计分析 5。

动态测试中的缺陷分析：

中等缺陷 1 个，在程序的注释中出现错误，将近区注释为远区，修改后问题得到了解决，提高了程序的可读性。

严重缺陷 1 个，在××号无效的判别中，本应判断大于 10，但误设计为 0，修改后经回归测试，问题得到了解决。

改进的设计分析：（因和产品相关，略）。

3.4　测试记录

（1）测试时间：（略）。

（2）地点：（略）。

（3）硬件配置：（略）。

（4）软件配置：（略）。

（5）被测软件版本号：（略）。

（6）所有测试相关活动的日期和时间、测试操作人员等记录见软件测试记录文档。

4．测试结果

在两个阶段测试过程中共发现软件缺陷 20 个，经软件开发人员确认的缺陷为 20 个，经过改正的代码消除了所有已确认的软件缺陷并通过了回归测试。因测试条件所限，未能进行软件的确认测试和系统测试。

5．评估和建议

5.1　软件评估

5.1.1　软件编码规范化评估

经过回归测试，未残留软件编码规范性缺陷。软件代码文本注释率约为 42%，代码注释充分，有利于代码的理解和维护。

5.1.2　软件动态测试评估

被测软件单元的总数：11 个。

使用的测试用例数：143 个。

达到软件测试出口准则的软件单元数为 11 个，通过率为 100%。

通过单元和集成测试得知：软件代码逻辑清晰，结构合理，程序单元间接口关系一致，运行稳定。

5.2　改进建议

（1）建议在软件开发项目中全面实施软件工程化，加强软件开发的管理工作。

（2）建议进一步加强软件需求规格说明、软件设计文档编制及编写代码的规范化。特别是应该将系统中的硬件研制和软件研制分别管理，软件文档编制的种类和规格按照相关标准执行。

（3）尽早开展软件测试工作。在软件研制计划安排上给软件测试留有必要的时间，在资源配置上给软件测试必要的支撑。

（4）建议结合系统联试，开展软件的确认和系统测试。

附件：

软件问题报告单（略）

软件更改通知单（略）

软件测试记录（略）

项 目 小 结

大型软件的测试应该分阶段地进行，通常至少分为单元测试、集成测试、确认测试和系统测试 4 个基本阶段。

设计测试方案是测试阶段的关键技术问题，基本目标是选用最少量的高效测试数据，做到尽可能完善的测试，从而尽可能多地发现软件中的问题。设计测试方案的实用策略时，可以用黑盒法设计基本的测试方案，再用白盒法补充一些的测试方案。

拓 展 训 练

拓展训练任务 1 黑盒测试

1．训练目的

（1）认识黑盒测试原理。

（2）掌握黑盒测试过程。

2．训练要求

（1）三角形问题的等价类测试。

（2）完成实训报告。

3．训练内容

（1）输入三个整数 a、b、c 分别作为三边的边长构成三角形的三条边。通过程序判定所构成的三角形的类型是：一般三角形、等腰三角形及等边三角形，用等价类划分方法为该程序进行测试用例设计，如表 8-1 所示。

该程序的源代码如下：

```
#include <iostream>
using namespace std;
void main()
{int a, b, c;
cout<<"请输入三条边： "<<endl;
if(scanf("%d %d %d", &a, &b, &c)! =3)
{cout<<"边长不是整数"<<endl;
}
else
{if(a+b<=c||a+c<=b||b+c<=a)
cout<<"不能构成三角形"<<endl;
else if(a==b&&b==c)
cout<<"等边三角形"<<endl;
else if(a==b||b==c||c==a)
cout<<"等腰三角形"<<endl;
else
cout<<"一般三角形"<<endl;
}
}
```

表 8-1 三角形问题的等价类

判定类型	有效等价类	无效等价类
一般三角形	$((a>0) \land (b>0) \land (c>0))$ $\land (((a+b)>c) \lor ((a+c)>b)$ $\lor ((b+c)>a))$ （1）	$(a<=0 \lor b<=0 \lor c<=0) \land (((a+b)<=c) \lor ((a+c)<=b) \lor ((b+c)<=a))$ （2）
等腰三角形	（1）$\land (a=b \lor a=c \lor b=c)$ （3）	（2）$\lor (a!=b \lor b!=c \lor a!=c)$ （4）
等边三角形	（1）$\land (a=b=c)$ （5）	（2）$\lor (a!=b!=c)$ （6）

（2）根据表 8-1 组成的测试用例如表 8-2 所示。

表 8-2 三角形问题的等价类测试用例

编　号	输入数据（a b c）	覆盖测试用例	输 出 结 果
1	3 4 5	（1）	一般三角形
2	0 4 5		
3	3 0 5		
4	3 4 0	（2）	不能构成三角形
5	1 4 5		
6	3 8 5		
7	3 2 1		
8	3 3 5		
9	3 4 3	（3）	等腰三角形
10	3 4 4		
11	3 4 9	（4）	非等腰三角形
12	3 3 3	（5）	等边三角形
13	-1 0 1	（6）	不能构成三角形

（3）测试结果如图 8-15～图 8-18 所示。

图 8-15　输出为一般三角形

图 8-16　输出为不能构成三角形

图 8-17　输出为等腰三角形

图 8-18　输出为等边三角形

拓展训练任务 2 白盒测试

1．训练目的

理解白盒测试的相关概念和白盒测试的过程、方法。

2．训练要求

对给定的模块，采用路径覆盖和分支覆盖的方法设计测试用例，示意图如图 8-19 所示。

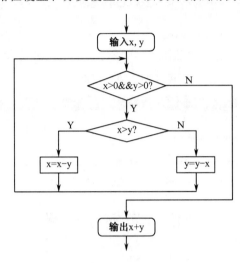

图 8-19 测试用例示意图

3．训练内容

（1）代码如下：

```cpp
#include <iostream>
using namespace std;
void main()
{
int x，y;
printf("请输入两个数(x，y):");
scanf("%d%d", &x, &y);
while(x>0&&y>0)
{   if(x>y) x=x-y;
else y=y-x;
}
printf("%d\n"，x+y);
}
```

（2）测试用例的设计如表 8-3 所示。

表 8-3 分支覆盖测试用例

测 试 用 例	x，y	x>0&&y>0	x>y
测试用例 1	-1　1	假	—
测试用例 2	2　1	真	真
测试用例 3	3　6	真	假

（3）测试结果如图 8-20、图 8-21 和图 8-22 所示。

图 8-20　测试用例 1

图 8-21　测试用例 2

图 8-22　测试用例 3

知识点考核与理解

1．选择题

（1）用户在真实的工作环境中使用软件，用于测试系统的用户友好性等，这种测试是（　）。

A．集成测试　　　　　B．系统测试　　　　　C．Alpha 测试　　　　　D．Beta 测试

（2）对于软件测试分类，下列各项都是按照不同阶段来进行的划分，除了（　）。

A．单元测试　　　　　B．集成测试　　　　　C．黑盒测试　　　　　D．系统测试

（3）下列关于软件测试的叙述中，错误的是（　）。

A．软件测试可以作为度量软件与用户需求间差距的手段

B．软件测试的主要工作内容包括发现软件中存在的错误并解决存在的问题

C．软件测试的根本目的是尽可能多地发现软件中存在的问题，最终把一个高质量的软件系统交给用户使用

D．没有发现错误的测试也是有价值的

2．填空题

（1）_____仅与程序的内部结构有关，完全可以不考虑程序的功能要求。

（2）_____将所有可能的输入数据划分成若干部分，然后从每一部分中选取少数有代表性的数据作为测试用例。

（3）类的行为应该基于_____进行测试。

3．简答题

（1）软件测试包括哪些类型的测试？这些测试之间的区别是什么？

（2）单个组件经过代码审查和测试，其有效性已经得到了全面验证，请解释为什么仍然需要进行集成测试。

第四篇　维护与管理篇

项目 9　软件维护

在软件开发完成交付用户使用后，就进入软件运行、维护阶段，此后的工作是要保证软件在一个相当长的时间内能够正常运行，软件维护是必不可少的环节。

项目要点：

- 了解软件维护的目的；
- 掌握提高软件可维护性的方法；
- 理解安全管理的概念。

任务 9.1　软件维护的概念

在软件工程中，软件维护是指软件产品交付之后，为了修改错误、改进性能或其他属性，使软件产品适应变化的环境而对其进行的修改。

软件维护是软件生存周期中非常重要的一个阶段，但是它的重要性往往被人们忽视。

有人把维护比喻为一座冰山，显露出来的部分不多，大量的问题都是隐藏的。平均而言，大型软件的维护成本是开发成本的 4 倍左右。国外许多软件开发组织把 60% 以上的人力用于维护已投入运行的软件。这个比例随着软件数量的增多和使用寿命的延长，还在继续上升。学习软件工程学的主要目的之一就是研究如何减少软件维护的工作量，降低维护成本。

9.1.1　软件维护的目的及类型

1. 软件维护的目的

软件维护是软件工程的一个重要任务，其主要工作就是在软件运行和维护阶段对软件产品进行必要的调整和修改。维护的原因主要分为以下 5 种情况。

（1）在运行中发现在测试阶段未能发现的潜在软件错误和设计缺陷。

（2）根据实际情况改进软件设计，以增强软件的功能，提高软件的性能。

（3）在某环境下已运行的软件要求能适应特定的硬件、软件、外部设备和通信设备等新的工作环境，或是要求适应已变动的数据或文件。

（4）为使投入运行的软件与其他相关的程序有良好的接口，以利于协同工作。

（5）为使运行软件的应用范围得到必要的扩充。

2．软件维护的类型

根据以上目的可以把维护活动可以归纳为纠错性维护、适应性维护、完善性维护和预防性维护 4 类。

（1）纠错性维护。软件测试不可能找出一个软件系统中所有潜伏的错误，所以当软件在特定情况下运行时，这些潜伏的错误可能会暴露出来。将在测试阶段未能发现的，在软件投入使用后才逐渐暴露出来的错误的测试、诊断、定位、纠错，以及验证、修改的回归测试过程，称为纠错性维护。纠错性维护约占整个维护工作的 20%，例如，修正原来程序中并未使开关复原的错误，解决开发时未能测试各种可能条件带来的问题，解决原来程序中遗漏处理文件中最后一个记录的问题等。

（2）适应性维护。适应性维护是为了适应计算机的飞速发展，使软件适应外部新的硬件和软件环境或者数据环境（数据库、数据格式、数据输入/输出方式、数据存储介质）发生的变化，而进行软件修改的过程。适应性维护约占整个维护工作的 25%。例如，对某个指定代码进行修改，如从 3 个字符改为 4 个字符；缩短系统的应答时间，使其达到特定的要求；修改两段程序，使它们可以使用相同的记录结构；修改程序，使其适用于另外的终端等。

（3）完善性维护。在软件的使用过程中，用户往往会对软件提出新的功能与性能要求。为了满足这些要求，需要修改或再开发软件，以扩充软件功能、增强软件性能、改进加工效率、提高软件的可维护性。这种情况下进行的维护活动叫作完善性维护。

在维护阶段的最初一两年，完善性维护的工作量较大。随着错误发现率急剧降低并趋于稳定，就进入了正常使用期。实践表明，几种维护活动中完善性维护所占的比重最大，来自用户要求扩充或加强软件功能、性能的维护活动约占整个维护工作的 50%。

（4）预防性维护。预防性维护是为了提高软件的可维护性和可靠性，采用先进的软件工程方法对需要维护的软件或软件中的某一部分重新进行设计、编制和测试，为以后进一步维护和运行打好基础。也就是软件开发组织选择在最近的将来可能变更的程序，做好变更它们的准备。由于对于该类维护工作必须采用先进的软件工程方法，对需要修改的软件或部分进行设计、编码和测试。对该类维护工作的必要性有争议，所以它在整个维护活动中占较小的比例，约占 5%。例如，预先选定多年留待使用的程序；当前正在成功地使用着的程序；可能在最近的将来要做重大修改或增强的程序。

9.1.2　软件维护的策略

根据影响软件维护工作量的各种因素，针对 3 种典型的维护工作，有一些策略可以控制维护成本。

1．纠错性维护的策略

通过使用新技术，可大大提高软件可靠性，减少进行纠错性维护的必要。这些技术包括：数据库管理系统、软件开发环境、程序自动生成系统、较高级的语言，应用以上方法可产生更加可靠的代码。此外，还可以从以下 4 个方面来减少软件编码错误。

（1）利用应用软件包，可开发出比由用户完全自己开发的系统可靠性更高的软件。

（2）提升结构化技术，使软件更加易于理解和测试。

（3）防错性程序设计。把自检能力引入程序，通过非正常状态的检查，提供审查跟踪。

（4）通过周期性维护审查，在形成维护问题之前就可确定质量缺陷。

2．适应性维护的策略

这一类的维护不可避免，但可以控制。

（1）在配置管理时，把硬件、操作系统和其他相关环境因素的可能变化考虑在内，可以减少某些适应性维护的工作量。

（2）把与硬件、操作系统及其他外围设备有关的程序归到特定的程序模块中，可把因环境变化而必须修改的程序局限于某些程序模块之中。

（3）使用内部程序列表、外部文件及处理的例行程序包，可为维护时修改程序提供方便。

3．完善性维护的策略

利用前两类维护中列举的方法，也可以减少这一类维护，特别是数据库管理系统、应用软件包，可减少系统或程序员的维护工作量。

此外，建立软件系统的原型并在实际系统开发之前提供给用户，用户通过研究原型，进一步完善原型的功能要求，也可以减少以后完善性维护的需要。

9.1.3 软件维护的方法

1．软件维护组织

除了较大的软件开发公司外，通常在软件维护工作方面不存在一个正式的维护机构。维护往往是在没有计划的情况下进行的。虽然不要求建立一个正式的维护机构，但是在开发部门确立一个非正式的维护机构则是非常必要的。维护机构的组织机构一般如图 9-1 所示。

图 9-1　软件维护的机构

维护申请提交给维护管理员，他把申请交给某个系统监督员去评价。一旦做出评价，由修改负责人确定如何进行修改。在维护人员对程序进行修改的过程中，由配置管理员严格把关，控制修改的范围，对软件配置进行审计。维护管理员、系统监督员、修改负责人等均代表维护工作的某个职责范围。修改负责人、维护管理员可以是指定的某个人，也可以是一个包括管理人员、高级技术人员在内的小组。系统监督员可以有其他职责，但应具体分管某一个软件包。在开始维护之前就把责任明确下来可以大大减少维护过程中的混乱。

2．软件维护事件流

先确认维护要求，这需要维护人员与用户反复协商，弄清错误概况及对业务的影响大小，以及用户希望做什么样的修改，然后由维护组织管理员确认维护类型。

对于改正性维护申请，应该从评价错误的严重性开始。若存在严重的错误，则必须在系统监督员的指导下进行问题分析、寻找错误发生的原因、进行"救火"性的紧急维护；对于不严重的错误，可根据任务、时机等情况，视轻重缓急进行排队，统一安排时间。

对于适应性维护和完善性维护申请，需要先确定每项申请的优先次序。若某项申请的优先级非常高，就可立即开始维护工作，否则维护申请和其他的开发工作一样，进行排队统一安排时间。

尽管维护申请的类型不同，但都要进行同样的技术工作。这些工作有：修改软件需求说明、修改软件设计、设计评审、对源程序做必要的修改、单元测试、集成测试（回归测试）、确认测试、软件配置评审等。

每次软件维护任务完成后最好进行一次情况评审，以确认在目前情况下，设计、编码、测试中的哪一方面可以改进，哪些维护资源应该有但没有，工作中主要的或次要的障碍是什么，从维护申请的类型来看是否应当有预防性维护等。

3. 评价软件维护活动

评价维护活动比较困难，因为缺乏可靠的数据，但如果维护记录做得比较好，就可以得出一些维护"性能"方面的度量值。可参考的度量值如下。

- 每次程序运行时的平均出错次数。
- 花费在每类维护上的总"人时"数。
- 每个程序、每种语言、每种维护类型的程序平均修改次数。
- 因为维护，增加或删除每个源程序语句所花费的平均"人时"数。
- 用于每种语言的平均"人时"数。
- 维护申请报告的平均处理时间。
- 各类维护申请的百分比。

以上 7 种度量值提供了定量的数据，据此可对开发技术、语言选择、维护工作计划、资源分配，以及其他许多方面做出判定。

任务 9.2　软件可维护性

9.2.1　软件可维护性的定义

软件可维护性是指软件能够被理解并能纠正软件系统出现的错误和缺陷，以及为满足新的要求进行修改、扩充或压缩的容易程度。软件的可维护性、可使用性和可靠性是衡量软件质量的几个主要特性，也是用户最关心的问题之一。但影响软件质量的这些因素，目前还没有普遍适用的定量度量的方法。

软件的可维护性是软件开发阶段各个时期的关键目标。

目前多用如表 9-1 所示的 7 个特性来衡量程序的可维护性，对于不同类型的维护，这 7 种特性的侧重点也不相同，表 9-1 显示了在各类维护中应侧重哪些特性。

表 9-1　在各类维护中的侧重点

	纠错性维护	适应性维护	完善性维护
可理解性	√		
可测试性	√		
可修改性	√	√	
可靠性	√		
可移植性		√	
可使用性		√	√
效率			√

这些质量特性通常体现在软件产品的许多方面，为使每个质量特性都达到预定的要求，需要在软件开发的各个阶段采取相应的措施加以保证。

9.2.2 提高可维护性的方法

软件的可维护性对于延长软件的生存期具有决定意义，因此必须考虑怎样才能提高软件的可维护性。一般可从以下几个方面着手。

1．建立明确的软件质量目标

如果要程序完全满足可维护性的 7 种质量特性，肯定是很难实现的。实际上，某些质量特性是相互促进的，如可理解性和可测试性、可理解性和可修改性；某些质量特性是相互抵触的，如效率和可移植性、效率和可修改性。因此，为保证程序的可维护性，应该在一定程度上满足可维护的各个特性，但各个特性的重要性又是随着程序的用途或计算机环境的不同而改变的。对编译程序来说，效率和可移植性是主要的；对信息管理系统来说，可使用性和可修改性可能是主要的。在提出目标的同时还必须规定它们的优先级，这样有助于提高软件的质量。

2．使用先进的软件开发技术和工具

利用先进的软件开发技术是软件开发过程中提高软件质量、降低成本的有效方法之一，也是提高可维护性的有效的技术。常用的技术有：模块化、结构化程序设计，自动重建结构和重新格式化的工具等。面向对象的软件开发方法就是一个非常实用而强有力的软件开发方法。

3．进行明确的质量保证审查

质量保证审查除了能保证软件得到适当的质量审查之外，还可以用来检测在开发和维护阶段内发生的质量变化。一旦检测出问题来，就可以采取措施来纠正，以控制不断增长的软件维护成本，延长软件系统的有效生命期。

为了保证软件的可维护性，有以下 4 种类型的软件审查。

（1）在检查点进行复审。保证软件质量的最佳方法是在软件开发的最初阶段就把质量要求考虑进去，并在开发过程每一阶段的终点，设置检查点进行检查。检查的目的是要证实已开发的软件是否符合标准，是否满足规定的质量需求。在不同的检查点，检查的重点不完全相同。软件开发期间各个检查点的检查重点如图 9-2 所示。

图 9-2 软件开发期间各个检查点的检查重点

（2）验收检查。验收检查是一个特殊的检查点的检查，它是把软件从开发转移到维护的最后一次检查。它对减少维护费用、提高软件质量有非常重要的作用。验收检查主要检查以下几个方面。

① 需求和规范标准以需求规格说明书为标准，进行检查。区分必需的、任选的、将来的需求，包括对系统运行时的计算机设备的需求，对维护、测试、操作及维护人员的需求，对测试工具等的需求。

② 设计标准软件应设计成分层的模块结构。每个模块应完成独立的功能，满足高内聚、低

耦合的原则。通过一些知道预期变化的实例，说明设计的可扩充性、可缩减性和可适应性。

③ 源代码标准。所有的代码都必须具有良好的结构，必须文档化，在注释中说明它的输入/输出，以及便于测试的一些特点与风格。

④ 文档标准。文档中应说明程序的输入/输出、使用方法/算法、错误恢复方法、所有参数的范围及默认条件等。

（3）周期性维护检查。为了保证软件质量应该对正在使用的软件进行周期性维护检查，把多次检查的结果同以前进行的验收检查结果和检查点检查结果进行比较，对检查结果的任何变化进行分析，并找出原因。

（4）对软件包进行检查。软件包是一种标准化了的、可为不同单位和不同用户使用的软件。软件包卖主考虑到他的专利权，一般不会把他的源代码和程序文档提供给用户。因此软件包的维护采取以下方法：使用单位的维护人员首先要仔细分析、研究用户手册、操作手册、培训教程、新版本说明、计算机环境要求书、未来特性表及验收测试报告等，并在此基础上深入了解本单位的期望和要求，编制软件包的检验程序。该检验程序检查软件包程序所执行的功能是否与用户的要求和条件相一致。为了建立这个程序，维护人员可以利用卖方提供的验收测试实例，还可以自己重新设计新的测试实例。依据测试结果检查和验证软件包的参数或控制结构以完成软件包的维护。

4．改进程序的文档

（1）程序文档。程序员利用程序文档来解释和理解程序的内部结构，程序同系统内其他程序、操作系统和其他软件系统如何相互作用。程序文档包括源代码注释、设计文档、系统流程、程序流程图和交叉引用表等。

① 好的文档能使程序更容易阅读，坏的文档比没有它更糟。

② 好的文档简明扼要，风格统一，容易修改。

③ 程序编码中加入必要的注释可提高程序的可理解性。

④ 程序越长、越复杂，就越应该注重程序文档的编写。

（2）用户文档。用户文档提供用户怎样使用程序的命令和指示，通常是指用户手册。好的用户文档是联机帮助信息，用户可以在使用它时在终端上就可获得的必要帮助和指导。

（3）操作文档。操作文档指导用户如何运行程序，它包括操作员手册、运行记录和备用文件目录等。

（4）数据文档。数据文档是程序数据部分的说明，它由数据模型和数据词典组成。数据模型表示数据内部结构和数据各部分之间的功能依赖性，通常用图形来表示。数据词典列出了程序使用的全部数据项，包括数据项的定义、使用及其使用地方。

（5）历史文档。历史文档用于记录程序开发和维护的历史，包括 3 类，即系统开发日志、出错历史和系统维护日志。系统开发和维护历史对维护程序员是非常有用的信息，因为系统开发者和维护者一般是分开的。利用历史文档可以简化维护工作，如理解设计意图，指导维护程序员如何修改源代码而不破坏系统的完整性等。

任务 9.3　安全管理

9.3.1　系统安全

随着各部门对其信息系统不断增长的依赖性，信息系统的脆弱性日益暴露，如何规范日趋复杂的信息系统的安全保障体系建设，如何进行复杂信息系统的安全评估是信息化进程中所面临的巨大挑战。首先，要对企业信息网络可能面临的安全威胁和安全问题进行系统的分析，形成完整的安全需求，才能构造符合企业实际的、可操作性强的信息安全体系。

1．可能面临的安全威胁

（1）物理安全风险。物理安全风险包括：计算机系统的设备、设施、媒体和信息面临因自然灾害（如火灾、洪灾、地震）、环境事故、人为物理操作失误，以及不法分子通过物理手段进行违法犯罪等。

（2）数据安全风险。数据安全风险包括：竞争性业务的经营和管理数据泄露、客户数据（尤其是大客户资料）泄露、数据被人为恶意篡改或破坏等。

（3）网络安全风险。网络安全风险包括：病毒造成网络瘫痪与拥塞、内部或外部人为恶意破坏造成网络设备瘫痪、来自黑客的入侵威胁等。

（4）业务中断风险。以上这些风险都可能造成企业业务中断，甚至造成企业重大损失和恶劣的社会影响，破坏企业品牌和信誉。

2．可能存在的安全问题

（1）信息网络系统建设规划上的不完善。

（2）技术与设计上的不完善。

（3）网络方面的风险。

（4）安全管理方面的问题。

总之，系统安全的核心是保证信息、数据的安全，为此需要从密码技术、安全机制、安全产品、硬件系统、系统及应用软件等方面不断创新，提高系统的安全，保障信息系统的正常运转。

3．安全保护等级

依据客户（用户）的信息安全需求，从技术方面提出系统安全的总体架构，如图 9-3 所示。

图 9-3　企业信息安全总体架构

9.3.2　安全管理的原则和措施

构建系统安全的体系需要从安全技术体系和安全管理体系两个方面来进行。

1．构建信息安全的技术体系

（1）物理安全。保证信息系统物理安全，首先要根据国家标准、企业的信息安全等级和资金状况，制定适合本企业的物理安全要求，并通过建设和管理达到相关标准。

其次，关键的信息系统资源，应有加密、电磁屏蔽等保护措施，并放在物理上安全的地方。

（2）系统平台安全。对于保证系统平台安全，总体思路是先通过安全加固解决企业管理方面的安全漏洞，然后采用安全技术设备来增强其安全防护能力。实施系统平台安全应注意以下几个方面。

① 加强主机操作系统、数据库系统的账户与口令管理，其中，对系统建设过程中可能遗留的无用账户、默认账户和默认口令应注意清查并及时删除；如无法确认，必须修改默认口令；账户口令要符合设置要求，对重要设备的系统级（ROOT）账户口令要求每个月至少变更一次，重要操作后要及时变更口令。

② 要建立操作系统、数据库和应用系统的相关应用和端口的对应关系，关闭主机系统上与应用服务无关的端口。

③ 企业应用系统对不间断运行的要求较高，如果采用打补丁的方式进行加固，风险大，工作量大，即便是表面看起来很普通的补丁也可能造成整个系统瘫痪。因此，打补丁的最佳时机是在应用系统上线投产前的安装调试阶段；应用系统上线后，尽量不要采用打补丁加固的方法，如果确实要打补丁，则事先要经过严格的测试并做好数据备份和回退措施。

④ 如果系统平台中存在较大安全漏洞而无法打补丁加固时，则可利用安全保护措施的互补性，在网络边界处采取合适的安全保护措施，并加强对主机系统的审计与管理，以弥补该问题遗留的安全隐患。

⑤ 如需要开发公司的工程师远程登入查找故障，应贯彻最小授权原则，开放的账户只能给予满足要求的最少权限，并对远程登入时间、操作完成时间、操作事项进行记录，及时关闭开放的用户；有条件的，可打开系统平台自带的审计工具，或配备第三方的监控、审计和身份认证工具。

（3）网络安全。网络安全最主要的任务是规范其连接方式，加强访问控制，部署安全保护产品，建立相应的管理制度并贯彻实施。建设网络安全体系应注意以下几个方面。

① 计算机网络边界的保护强度与其内部网中的数据、应用的重要程度紧密相关，网络安全等级应根据节点的网络规模、数据重要性和应用重要性进行划分并动态调整。

② 可以根据不同数据和应用的安全等级，以及相互之间的访问关系，将内部网络划分为不同的区域，建立以防火墙为核心的边界防护体系。

③ 项目规划阶段就要考虑防火墙、漏洞扫描、入侵检测和防病毒等各安全产品之间的互相协作关系，以实现动态防护。

（4）应用安全。应用安全是指保护应用系统的安全、稳定运行，保障企业和企业用户的合法权益。保证应用系统安全，应加强以下两个方面的建设。

① 建立统一的密码基础设施，保证在此统一的基础上实现各项安全技术。

② 实施合适的安全技术，如身份鉴别、访问控制、审计、数据保密性与完整性保护、备份与恢复等。

2. 构建信息安全的管理体系

信息安全不仅是技术问题，更主要的是管理问题。只有管理到位，才能保障技术措施充分发挥作用。构建企业信息安全管理体系时，应建立从规划、建设、运行维护到报废的全过程，建立"评估—响应—防护—评估"的动态闭环的管理流程。在此对规划和建设阶段的管理要求进行如下说明。

（1）在信息网络的规划阶段就要加强对信息安全建设和管理的规划。信息安全建设需要投入一定的人力、物力和财力，由于无论管理工作还是技术建设工作都不可能一步到位，因此要根据企业状况实事求是地确定信息网络的安全总体目标和阶段目标，分阶段实施，降低投资风险。

（2）在工程建设阶段，建设管理单位要将安全需求的汇总和安全性能、功能的测试列入工程建设各个阶段工作的重要内容，要加强对开发（实施）人员、开发过程中的资料（尤其是涉及各种加密算法的资料）、版本控制的管理，要加强对开发环境、用户和路由设置、关键代码的检查。

除了基本的技术体系和管理体系保障系统安全之外，还需要进行一定的安全风险评估。风险评估是系统安全的基础性工作，是一个持续动态的过程，是系统安全中分级防护和突出重点的具体体现。安全风险评估的主要任务包括：①识别面临的各种风险；②评估风险概率和可能带来的影响；③依据风险承受力确定风险消减和控制的优先级；④推荐并确定风险应对策略。

项 目 小 结

维护是软件生命周期的最后一个阶段，也是持续时间最长、代价最大的一个阶段。软件工程学的主要目的就是提高软件的可维护性，降低维护的代价。软件的可理解性、可测试性和可修改性是决定软件可维护性的基本因素。软件生命周期的每个阶段的工作都和软件可维护性有密切关系。

软件维护通常包括 4 类活动：为了纠正在使用过程上中暴露出来的错误而进行的改正性维护，为了适应外部环境的变化而进行的适应性维护，为了改进原有的软件而进行的完善性维护，以及为了改进将来的可维护性和可靠性而进行的预防性维护。

拓 展 训 练

1. 训练目的
（1）掌握会计软件的日常维护技术。
（2）熟悉会计软件应用中存在的常见问题，并掌握其解决方法。
（3）能够进行数据库的简单操作与维护。
2. 训练要求
（1）会计软件日常维护。
（2）系统维护与数据库维护。
3. 训练内容——软件维护与数据维护
（1）数据备份与恢复，月维护与年维护，会计软件升级维护。
（2）操作系统维护，系统备份，SQL Server 等数据库的维护。

知识点考核与理解

1. 选择题
（1）在软件生存期中，工作量所占比例最大的阶段是（　　）阶段。

A．需求分析　　　　　B．软件设计　　　　　C．测试　　　　　D．维护

（2）在整个软件维护阶段，以（　　）维护所花费的工作量所占比例最大。

A．改正性　　　　　B．适应性　　　　　C．完善性　　　　　D．预防性

（3）一个软件产品开发完成投入使用后，常常由于各种原因需要对它做适当的变更，通常把软件交付使用后所做的变更叫作（　　）。

A．维护　　　　　　　　B．设计　　　　　　　　C．软件再工程　　　　　　D．逆向工程

（4）软件工程针对维护工作的主要目标是提高软件（　　），降低维护的成本。

A．生产率　　　　　　　B．可靠性　　　　　　　C．可维护性　　　　　　　D．维护效率

（5）软件可维护性是指软件能够被理解、改正、（　　）功能的容易程度。

A．变更　　　　　　　　B．维护　　　　　　　　C．修改　　　　　　　　　D．适应及增强

（6）软件可维护性是软件开发阶段的关键目标。软件可维护性可用下面 7 个质量特性来衡量，即可理解性、可测试性、可修改性、可靠性、（　　）、可使用性和效率。

A．完备性　　　　　　　B．安全性　　　　　　　C．可移植性　　　　　　　D．灵活性

2．填空题

（1）软件维护的类型有_____、_____、_____、_____。

（2）各种软件维护的类型最重要的是_____。

（3）确定软件可维护性的主要因素是_____、_____、_____。

3．简答题

（1）为什么要进行软件维护？

（2）什么是软件的可维护性？可维护性度量的特性是什么？

项目 10　软件项目管理

项目（Project）是为提供某项独特的产品、服务或成果所进行的一次性努力，更具体的解释是用有限的资源、有限的时间为特定客户完成特定目标的一次性工作。这里的资源指完成项目所需要的人、财、物；时间指项目有明确的开始和结束时间；客户指提供资金、确定需求并拥有项目成果的组织或个人；目标则是满足要求的产品、服务或成果，并且有时它们是不可见的。软件项目是项目的一个子集，同时具有项目临时性、独特性和渐进性的特点。本项目对软件项目管理中的各个部分作简要叙述。

项目要点：
- 了解软件项目管理的各个方面；
- 掌握软件项目管理过程的依据、技术或方法及内容。

任务 10.1　软件项目整体管理

整体管理是项目管理中一项综合性和全局性的管理工作，具有综合性、全局性和系统性的特点。软件项目整体管理知识域包括保证项目各要素相互协调所需要的过程，具体地讲，是对项目管理过程中的不同过程和活动进行识别、定义、整合、统一和协调的过程。整体管理就是要决定在什么时间把工作量分配到相应的资源上，有哪些潜在的问题并积极处理，以及协调各项工作使项目整体上取得好的结果。整体管理也包括在一些相互冲突的目标和可选方案之间进行权衡。项目管理过程经常以相互独立的模块来表达，模块之间具有清晰的接口定义，然而实际上，它们之间是相互重叠、相互交互的。

在项目的执行过程中考虑一下具体活动，那么就能更好地理解项目"综合性"的特点。例如，项目管理团队可以进行活动包括：（1）分析和理解项目范围，包括产品需求、标准、假设、约束，项目干系人的期望和其他与项目相关的影响因素，以及它们在项目中是如何被管理和考虑的。（2）把产品需求的验收标准进行归档。（3）理解如何获取已明确的信息，并用结构化的方法将其纳入项目管理计划。（4）准备工作分解结构。（5）采取恰当的行动使项目按照所规划的范围和整体管理过程来实施。（6）对项目状态、过程和产品进行度量和监督。（7）分析项目风险等。

具体的软件项目整体管理过程可分为：制定项目章程、制定初步的项目范围说明书、制订项目管理计划、指导和管理项目执行、监督和控制项目工作、进行综合变更控制，直至项目结尾。

10.1.1　项目章程

项目章程是正式批准的一个项目的文档。项目章程要么由项目组织以外的发起人或资助人发布，要么由组织内某个级别的管理层发布，以便为该项目提供所需的资金。项目章程对项目经理进行授权，以便他可以使用组织资源执行项目，应该尽可能在项目的早期确定并任命项目经理。

项目通常由项目组织外的企业、政府机构、公司、大项目管理或组合投资组织批准和授权。

项目的由来通常基于以下几种需求：（1）市场需求；（2）业务需求；（3）用户需求；（4）技术领先需求；（5）法律需求；（6）社会需求等。这些刺激因素有时也称为问题、机会或商业需求。所有这些刺激因素的中心主题就是管理者必须就如何应对和批准什么项目来解决这些问题做出决策。

制定项目章程的目的是通过章程对项目进行正式授权，并将项目与执行组织的日常运营联系起来。项目章程的编制主要关注于记录商业需求、项目论证、对顾客需求的理解和满足这些需求的新产品、服务或结果。

制定项目章程的主要依据有：项目合同、项目工作描述、环境和组织因素、组织过程资产。

项目合同规定了项目的真正客户或投资者对项目的需求，自然成为项目章程的重要输入文件。有时签约时还不好制定项目章程，合同会规定项目章程是合同的一部分，需要双方签字盖章，和项目合同同样有效。

项目工作描述中说明项目需要提供的产品或服务，是项目范围的雏形，是将来项目范围管理的重要依据，包括商业需求、产品范围描述、战略计划等。它通常以工作说明书的形式呈现，对内部项目而言，项目发起者或资助人基于业务需求、产品或服务的需求提出工作说明书；对外部项目而言，工作说明书可以作为投标文档的一部分从客户那里得到。工作说明书通常需要包括：业务需求、产品范围描述、战略计划或战略目标。其中产品范围描述说明项目所要创建的产品的需求，以及产品或服务的特性，并且在后续的过程中随着产品特性的明晰会被逐渐细化，这些需求也要记录项目所创造的产品或服务与业务需求或其他刺激因素之间的关系。

项目的环境和组织要素既是项目的资源状况描述，又是项目的资源约束。项目建设的环境和可以利用的资源，包括以下要素：（1）组织或公司的文化构成；（2）已有或可以使用的基本设施；（3）现有的人力资源状况；（4）市场条件；（5）项目干系人风险承受度；（6）行业风险信息和风险数据库；（7）项目管理信息系统等。

在制定项目章程和后续的项目文档时，可以借鉴、使用组织的过程资产，从而促进项目的成功，如正式或非正式的企业计划、指导方针、规程、指南和管理系统等。组织过程资产也可以代表组织的知识和经验教训，如历史项目的信息、相似项目的成本信息、人力资源信息等。组织的过程资产包含两类：一类是组织过程和工作管理程序，另一类是组织共享的知识库。

制定项目章程可以采用的工具和技术有：项目选择方法、项目管理方法论、项目管理信息系统、专家判断等。

项目选择法是项目投资者或经营者通过掌握大量信息，并经分析比较，从错综纷繁的事务中鉴别发展机会，最终形成确切的项目发展方向或投资领域的过程（或称项目意向）。项目选择可以采用收益测量法（如对比法、评分模型、收益分布、或经济模型）、数学模型、决策模型（如决策树、场分析）等。

项目管理方法论通常会明确规定项目的阶段，以及每个阶段的主要活动、阶段输入、阶段成果、里程碑、评审方式等内容，会规定项目的管理控制制度等。

项目管理信息系统是项目管理者的平台，是收集、分类、综合和保存项目各项活动结果的工具、技术、设备和人员的全体。该系统要从项目的发起开始，直到项目收尾结束，支持项目所有方面的各项活动。成熟的项目管理信息系统可以做许多模拟，制定项目章程可以充分参考项目关系信息系统，或利用相关的项目管理软件。

项目管理的经验性很强，有类似项目管理经验的专家对项目的整体把握，以及资源、工期、质量等要素的判断具有重要的参考价值。因为项目章程中会涉及项目的资源、成本、工期等关键目标，所以专家的判断就显得更加重要。

项目章程的复杂程度跟项目的大小有关，小项目可以简化成一页纸，如表 10-1 所示。

表 10-1 信息系统项目章程模板示例

项目名称		批准时间	
项目背景介绍	项目发起的原因		
	项目的机遇和优势		
	项目的挑战和劣势		
项目目标：			
项目干系人：			
项目产品	过程产品		
	最终产品		
项目经理	姓　　名	项目权利范围	
资源条件	人员		
	物质		
	成本		
	结束时间		
项目完成标准：			
签发人：		签发时间：	

项目章程可以直接描述或引用其他文档来描述以下的信息。

- 项目需求，它反映了客户、项目发起人或其他项目干系人的要求和期望。
- 项目必须实现的商业需求、项目概述或产品需求。
- 项目的目的或论证结果。
- 指定项目经理及授权级别。
- 概要的里程碑计划。
- 项目干系人的影响。
- 职能组织。
- 组织的、环境的和外部的假设。
- 组织的、环境的和外部的约束。
- 论证项目的业务方案，包括投资回报率。
- 概要预算。

大型项目的章程相对复杂，有的称为项目任务书、项目许可证书、项目启动文件等。典型的 ERP 项目是以工作任务书（相当于项目章程）的形式规定了前期的内容，其中会规定项目前提、项目的范围、项目的组织、初步实施方案、项目变更控制、项目支付条款、项目验收标准等诸多内容。

10.1.2　编写初步项目范围说明书

项目整体管理包括项目提交成果物的范围界定，要编写项目范围说明书。范围界定要有书面文件，特别是包括用以确定项目或阶段是否成功完成的标准。范围阐述形式的基础是通过确认项目目标和主要项目的子项目，使项目团队与项目客户之间达成协议。最初的项目范围说明书是依据发起人或出资人提供的信息制定的，并由项目管理团队在范围定义过程中进一步细化，所以在整体管理的阶段制定的为初步项目范围说明书，这也体现了项目过程渐进明晰的特点。

通常项目范围说明书要由项目管理团队来编写，而且在编写时，项目管理团队需要在实际工作中考虑限制或制约自己行动的各种因素。在编写项目范围说明书时，必须有项目的成果说明书，以作为范围规划的前提依据。尽管对于项目的不同利益方，如客户方、承包商或其他相关厂商又有不同目标和把握的重点，但其最终结果是实现项目整体的目标，即实施项目要达到的期望结果，项目所能交付的成果或服务。项目目标具有多目标性、优先性、层次性的特点。对于一个项目而言，项目目标往往不是单一的，而是希望通过一个项目的实施，实现一系列的目标，满足多方面的需求，实施项目的过程就是多个目标协调的过程；不同目标在项目管理不同阶段，根据不同需要，其重要性也不一样，如单纯的软件研发项目，将更多地关注技术指标和软件质量；项目目标的层次性是指对项目目标的描述需要有一个从抽象的到具体的层次结构，通常是把明确定义的项目目标按其意义和内容表示为一个递进阶层次结构，而且越较低层次的目标就应该描述得越清晰具体。

依据项目章程、项目工作说明、企业环境因素及组织过程资产，并采用项目管理方法论、项目管理信息系统和专家估计等工具和技术来制定初步项目范围说明书。

项目范围说明书中要确立项目的目标，当项目成功完成时必须向投资方表明，项目事先设立的目标均已达到，至少要表明原定的费用、进度和质量目标均已达到，设立的目标要能够量化。范围说明书的内容应当包括：

- 项目和产品目标；
- 产品和服务需求；
- 产品（项目成果）接收标准；
- 项目边界；
- 项目需求和项目成果描述；
- 项目约束；
- 项目假设；
- 初步项目组织；
- 初步风险定义；
- 时间里程碑；
- 初步 WBS（工作分解结构）；
- 采购支出估计；
- 项目配置管理需求。

项目范围说明书的内容根据其应用领域和项目复杂性的不同而不同，可以包括以上列出的部分或全部内容。对于包含多个阶段的项目，项目范围说明书可以在后续阶段中进行验证和修正。

10.1.3　项目管理计划

管理活动的一个最基本的原则就是任何工作开展之前必须制订计划，项目管理也不例外。项目管理计划是项目组织根据项目目标，对项目实施过程中进行的各项活动做出的周密安排。项目管理计划围绕项目目标的完成，系统地确定项目的任务，安排任务进度，编制完成任务所需的资源、预算等，从而保证项目能够在合理的工期内，用尽可能低的成本和尽可能高的质量完成。

项目计划是项目管理一大职能，是项目实施的基础。项目计划促使管理者展望未来，预见未来可能发生的问题，制定适当的对策，来减少实现目标过程中的不确定性；通过计划，通过科学的组织和安排，可以保证有秩序地进行项目实施；可以确立项目组各成员及工作的责任范围和地位，以及相应的职权，以便按要求去指导和控制项目的工作，减少风险；可以促进项目组成员及项目委托人和管理部门之间的交流与沟通，增加顾客满意度，并使项目各工作协调一致；可以使项目组成员明确自己的奋斗目标、实现目标的方法、途径及期限，并确保以时间、成本及其他资源需求的最小化实现项目目标。

项目计划文件经批准后作为项目的工作指南，必须在项目实施中贯彻执行。项目计划有如下特点。

（1）目标性。项目管理是目标管理，项目计划的制订围绕着项目目标的达成，制订计划的过程就是设计目标达成思路的过程。

（2）系统性。项目计划本身是一个系统，由多个子计划组成，各个子计划不是孤立存在的，彼此之间相对独立，又紧密相关。

（3）经济性。项目计划的目标不仅要求项目要有较高的效率，而且要求有较高的整体经济效益，所以在计划中必须提出多方案，使用多种方法进行优化。

（4）动态性。项目计划要随着环境和条件的变化而不断调整和修改，以保证完成项目目标，这就要求项目计划要有弹性，以适应不断变化的环境。

依据初步项目范围说明书、项目管理过程、企业环境因素和组织过程资产，采用项目管理方法论、项目管理信息系统和专家判断等工具和技术来制订项目计划。

项目计划内容可分为以下 9 个方面。

（1）工作计划。工作计划也称实施计划，是为保证项目顺利开展，围绕项目目标的最终实现而制订的实施方案。工作计划主要说明采取什么方法组织实施项目，研究如何最佳地利用资源，用尽可能少的资源获取最佳效益，具体包括工作细则、工作检查及相应措施等。工作计划也需要时间、物资、技术资源，必须反映到项目总计划中。

（2）人员组织和管理计划。主要表明工作分解结构图中的各项工作任务应该由谁来承担，以及各项工作间的关系如何，其表达形式有框图式、职责分工说明式和混合式等。

（3）设备采购供应计划。在项目管理过程中，多数项目都会涉及仪器设备的采购、订货等供应问题，有的非标准设备还包括试制和验收等环节。设备采购问题会直接影响到项目的质量及成本。

（4）其他资源供应计划。大型项目不仅需要设备的及时供应，还有许多项目建设所需的材料、半成品、物件等资源的供应问题。因此，预先安排一个切实可行的物资、技术资源供应计划，将会直接影响项目的工期和成本。

（5）变更控制计划。由于项目的一次性特点，在项目实施过程中，计划与实际不符的情况是经常发生的。有效地处理项目变更可使项目获得成功，否则可能会导致项目失败。变更控制计划主要规定处理变更的步骤、程序，确定变更行动的准则。

（6）进度计划。进度计划是根据实际条件和合同要求，按照合理的顺序所安排的实施日程。其实质是把各活动的时间估计值反映在逻辑关系图上，通过调整，使得整个项目能在工期和预算允许的范围内合理地安排任务。

（7）成本投资计划。

（8）文件控制计划。文件控制计划是由一些能保证项目顺利完成的文件管理方案构成的，其中需要阐明文件控制方式、细则，负责建立并维护好项目文件，以供项目组成员在项目实施期间使用。

（9）辅助支持计划。项目管理有众多的支持手段，主要有软件支持、培训支持和行政支持，还有项目考评、文件、批准或签署、系统测试、安装等支持方式。

10.1.4　指导和管理项目执行

指导和管理项目执行过程，需要项目经理和项目团队执行项目管理计划，以完成项目范围说明书中所定义的工作。项目经理指导项目活动的执行，并管理存在于项目内的各种技术接口和组织接口。项目执行过程的输出就是项目的可交付物。收集关于可交付物的完成状态及那些已经完成的工作绩效信息是项目执行工作的一部分，并且这些信息会被提供给绩效报告过程。

指导和管理项目执行除了基本的，如执行活动以完成项目或阶段性目标、按照规划好的方法或标准实施项目计划，及管理风险和实施风险应对等活动外，还包括实施批准的纠正措施以使预期的项目绩效符合项目管理计划，实施批准的预防措施以降低潜在负面结果出现的可能性，实施批准的缺陷修复申请以改正在质量过程中发现的产品缺陷等活动。

10.1.5　监督和控制项目工作

监督和控制项目工作就是对项目的启动、规划、执行和收尾进行监督和控制的过程，可能需要采取纠正和预防措施来控制项目的绩效。监督工作是项目管理的重要组成部分，它贯穿于项目的整个生命期。监督工作包括收集、度量和发布绩效信息，并对被度量项及其发展趋势进行评估，以改进项目绩效。持续的监督可以使项目管理团队对项目的进展状况有一个清晰的了解，并且能识别出任何可能需要特别关注的问题。

项目监督控制的手段主要是通过在预定的里程碑处，或者项目进度表或工作分解结构中的控制级别，将实际的工作产品和任务属性、工作量、成本，以及进度与计划进行对比来确定进展情况。项目监督的内容主要包括进度、工作量及成本、工作产品和任务属性、资源使用、项目成员知识和技能、项目风险等。

项目控制的方式有多种，可以结合项目实际情况灵活运用。

（1）正规和非正规控制。正规就是定期召开进展情况汇报会议，阅读项目进展报告等，根据项目进展报告，与会者讨论项目遇到的问题，找出和分析问题的原因，研究和确定纠正、预防的措施，决定应当采取的行动。非正规控制也可称为走动管理，要比正规控制频繁。

（2）预防性控制和更正性控制。预防性控制是在深刻理解项目各项活动、预见可能发生的问题基础上，制定出相应的措施，防止不利事件的发生。制定规章制度、工作程序、进行人员培训等都属于预防性控制。更正性控制是由于未能或者根本无法预见项目会发生什么问题，只能在问题出现后采取行动，纠正偏差。对于项目控制，更正性控制要比预防性控制用得多。

（3）预先控制、过程控制和事后控制。预先控制是在项目活动或阶段开始时进行的，可以防止使用不合要求的资源，保证项目的投入满足规定的要求。过程控制一般在现场进行。事后控制在项目活动或阶段结束或临近结束时进行，但项目控制不宜采取事后控制，因为不利的偏差已经造成损害，再也无法弥补。

（4）直接控制和间接控制。直接控制着眼于产生偏差的根源，而间接控制着眼于偏差本身。项目经理直接对项目活动进行控制属于直接控制；不直接对项目活动，而对项目班子成员进行控制，具体的项目活动由项目班子成员去控制，属于间接控制。

监督和控制项目工作依据项目管理计划、组织和团队工作绩效信息等，采用项目管理方法论、项目管理信息系统、挣值管理、专家判断等工具和技术来完成。

10.1.6 整体变更控制

项目的不确定性因素导致了项目的进展未必像想象中或计划中的那样顺利，而当这种不确定性变得明确且和当初的预测不一致的时候，就会导致项目出现变更。一般来说，项目的目标是项目所有活动的最终判断准则。变更可以来自两个方面：内部因素和外部因素。内部因素是指项目在实施过程中，对实施的状态与计划对比，发现产生了偏差，从而导致变更项目计划。外部因素则是指客户对项目目标本身发生了变化，从而引起计划的变更。

整体变更就是影响项目整体和贯穿整个项目过程的变更，例如，可交付成果的技术要求说明书发生的变更，若影响到项目范围，进而影响到费用、进度、质量、风险或其他方面，则该变更就是整体变更。整体变更控制就是协调贯穿整个项目过程的变更。整体变更控制的目的有3 个：（1）查明项目进行过程中发生的变化是否构成变更；（2）对造成变更的因素施加影响；（3）当变更实际出现时，设法处理。

整体变更控制的依据是项目计划、进展报告和变更请求。项目团队成员或项目干系人的变更请求可能会以多种形式提出，一般需要以书面形式提出，才能受理。整体变更控制的工具就是上面提到的变更控制系统。整体变更控制的结果应当有项目计划的更新，采取将项目未来预期进展控制在项目计划范围内的纠正行动并吸取的教训。项目变更控制流程如图 10-1 所示。

图 10-1 项目变更控制流程

项目变更从变更申请开始，项目变更的申请可能有不同的来源——可能来自一个潜在的用户、系统分析员、测试人员，或软件供应商。项目管理者都应该建立一套变更申请表格，变更申请表格形式必须与软件配置管理计划保持一致，基本的变更表格如表 10-2 所示。由项目变更控制委员会来负责受理变更申请，包括赋予变更申请一个唯一的跟踪编号和分类号，并实际执行变更流程。

表 10-2　项目变更申请表示例

项目名称		项目代号	
项目负责人		申请更改人	
申请理由：			
更改内容概述：			
影响内容与范围：			
业务部门意见： 签字：　　　　年　月　日			

　　变更控制机构——变更控制委员会（Change Control Board，CCB）收到变更请求后，会有专门的人员做初步分析，主要是评估变更的来源、变更的理由、变更产生的影响、变更的代价。将评审通过的变更申请分配到基线化的配置项的工作由配置控制小组完成，配置控制小组根据变更申请分析报告评估变更申请的必要性和代价，获准的变更申请发回配置管理员执行下一步的流程；被拒绝的变更申请连同配置控制小组的拒绝原因一起发回提交者；如果不需更高一层的配置控制小组进行审批，则配置管理员就将被批准的变更申请发到相应的开发团队，开发组要安排实施变更的必要资源，对代码的修改涉及设计、编码、测试、验证的过程，并且要对可能受影响的文档进行更新。上述工作完成之后，还要对变更实施的结果进行验证，判断变更实际带来的偏差，以及对项目其他方面的影响，即执行变更验证。

　　项目变更的控制是一个动态过程，它始于项目的变化，而终于项目变更的验证。在这一过程中，拥有充分的信息、掌握第一手资料是做出合理变更的前提条件，这就需要记录整个变更过程，而记录本身就是项目变更控制的主要内容。

10.1.7　项目收尾

　　良好的开端是成功的一半，那么，漂亮的收尾也是项目圆满的重要组成部分。项目收尾包括合同收尾和管理收尾两部分。合同收尾就是按照合同约定，项目组和接收方一项项进行核对，检查是否完成了合同所有的要求，是否可以把项目结束掉，即项目验收。管理收尾是对于内部来说的，把做好的项目文档等归档，对外宣称项目已经结束，转入维护期，把相关的产品说明转到维护组，同时进行经验教训总结。

当项目结束时，及时对项目进行验收，无论是对项目团队、项目接收方，还是对项目本身都有非常重要的意义和作用。验收标志着项目的结束或阶段性结束；项目团队的全部或部分任务的完成，项目团队可以总结经验，接受新的项目任务，项目成员可以回到各自的工作岗位或安排合适的工作；通过竣工验收，全面考察工程质量，保证交工项目符合设计标准、规范等规定的质量标准要求，并能及时发现和解决一些影响正常生产使用的问题，确保项目能按设计要求的技术、经济指标正常地投入生产并交付使用。

在对项目进行验收时，主要依据项目的工作成果和成果文档。从项目验收的内容划分，项目验收范围通常包括工程质量验收和文件资料验收。项目验收范围确认主要依据项目合同、项目成果文档和工作成果等。

项目验收的人员一般由项目接收方、项目团队和项目监理人员构成。项目验收依项目的大小、性质、特点的不同其程序也不尽相同。对大型建设项目而言，由于验收环节较多、内容繁杂，因而验收的程序也相对复杂。对一般程序设计、软件开发或咨询等小项目，验收也相对简单一些，项目验收一般都遵循如图 10-2 所示的流程。

图 10-2　项目验收流程

项目验收完成后，对项目实施组织而言还需进行项目后评价工作。项目后评价是指对已经完成的项目（或规划）的目的、执行过程、效益、作用和影响所进行的系统、客观的分析。通过项目活动实践的检查总结，确定项目预期的目标是否达到，项目或规划是否合理有效，项目的主要效益指标是否实现；通过分析评价找出成败的原因，总结经验教训；并通过及时有效的信息反馈，为提高未来新项目的决策水平和管理水平提供基础；同时也为后评价项目实施运营中出现的问题提出改进建议，从而达到提高投资效益的目的。

任务 10.2　范围管理

项目范围是为了达到项目目标，为了交付具有某种特制的产品和服务，规定项目所要做的工作。项目的范围管理就是要确定哪些工作是项目应该做的，哪些工作是不应该做的。项目范围是项目目标更具体的表达。

项目的范围管理影响到信息系统项目的成功。在实践中，"需求蔓延"是信息系统失败常见的原因之一，信息系统项目往往在项目启动、计划、执行甚至收尾时不断加入新功能，无论是客户的要求还是项目实现人员对新技术的试验，都可能导致信息系统项目范围的失控，从而使信息系统项目在时间、资源和质量上受到严重影响。因此，范围管理必须清晰地定义项目目标，此定义必须在客户与执行项目的组织或个人之间达成一致。

项目范围管理主要包括范围规划、范围定义、创建工作分解结构、范围确认和范围控制等活动。

10.2.1 范围规划

定义和管理项目范围对整个项目的成功有至关重要的影响。每个项目都需要在工具、数据来源、方法论、过程和流程，以及一些其他因素间进行平衡，以此确保在项目范围管理活动上所做的努力与项目的规模、复杂性和重要性相吻合。

项目范围管理计划是一种规划的工具，说明项目组将如何进行项目的范围管理，具体来说，包括如何进行项目范围定义、如何制定工作分解结构、如何进行项目范围核实和控制等。

项目范围计划编制，需要合理、有效的根据，才能制订出指导项目顺利进行的范围管理计划。一般而言项目范围计划编制，需要项目合同、初步的项目范围说明书、组织过程资产、环境和组织因素，以及初步的项目管理计划等。对于和其他项目类似的项目，编制范围管理计划可以遵从有其他项目范围管理的经验的专家对当前项目的范围管理计划进行的判断和抉择。组织中以前的项目对范围管理计划会留下一些样板、控制表格和执行标准，可以利用这些现成的、证明有效的工具和技术来制订范围管理计划。

根据具体项目工作的需要，项目范围管理计划可以是正式的或非正式的、详细的或粗略的。一个范围管理计划是包含在项目管理计划中的或者是项目管理计划的补充。

10.2.2 范围定义

范围定义对于项目而言非常重要，它增加了项目时间、费用和资源估算的准确度，定义了实施项目控制的依据，明确了相关责任人在项目中的责任。项目范围定义明确项目的范围，包括项目的合理性、目标，以及主要可交付成果，主要基于项目的主要可交付物、假设条件、限制条件等，这些在初期的项目范围说明书中已经进行了定义。在项目规划中，随着项目信息的不断丰富，项目范围应被逐步细化，应检查假设和约束条件的完整性，并根据需要进行补充。

范围定义最重要的任务就是详细定义项目的范围边界，范围边界是应该做的工作和不需要进行的工作的分界线。项目小组应该把工作时间和资源放在范围边界之内的工作上。范围边界的定义往往来源于项目初步范围说明书和批准的变更。有些项目并没有项目的初步范围说明书，而常常利用产品的范围说明书。

项目范围需要定义项目的主要可交付成果，所有主要工作要在这个可交付成果中列出，而不是必需的工作则不应该列出。如果项目的可交付成果没有仔细定义，那么预算、进度和资源的消耗都会受到很大的影响。这个列表应该考虑到所有项目利益相关人，通常，用户或者客户是最重要的可交付成果接收人，但也不应该忘记其他的利益相关人。

范围定义的主要结果就是项目范围说明书。项目范围说明书是所有的项目利益相关人对项目范围的共同理解，说明项目的主要目标，它在项目执行过程中指导团队的工作，并构成判断变更请求是否超出项目边界的基准。

项目范围说明书的编写和具体项目相关，有些项目在合同中就明确地定义了项目范围，项目范围计划的编写就很简单；而有些复杂的项目，范围定义是一项复杂繁重的工作。

10.2.3　创建工作分解结构

项目范围定义明确之后，接下来项目经理要做的重要工作是把项目的工作分解，交给合适的项目组成员去完成，即创建项目的工作分解结构（The Work Breakdown Structure，WBS）。

工作分解结构是将项目划分为可管理的工作单元，以确定工作单元的费用、时间和其他方面。工作分解结构之所以对所有的项目都非常重要，在于它是费用估算、费用预算、资源计划、风险管理计划、活动定义的基础和依据。工作分解明确和准确说明项目范围，项目组成员能够清楚地理解任务的性质和需要努力的方向；为各独立单元分派人员，规定这些人员的职责，可以确定完成项目所需要的技术和人力资源；针对独立单元，进行时间、费用和资源的需要量的估算，提高估算的准确性；能够确定工作内容和工作顺序，把项目分解成具体的工作任务，就可以按照工作之间的逻辑顺序来实施项目。

工作分解结构把项目整体或者主要的可交付成果分解成容易管理、方便控制的若干个子项目或者工作包，子项目需要继续分解为工作包，持续这个过程，直到整个项目都分解为可管理的工作包（位于工作分解结构的底层），这些工作包的总和是项目的所有工作范围。创建工作分解结构可以使用白板、草图或者是比较专业的计算机软件的方式完成，依据不同的项目有不同的原则和方式。如对于项目中每个阶段需要的不同的技术或者专家，可以基于功能或者技术原则进行分解；对于职能式的项目组织而言，可以采用基于组织结构的方式进行分解；最常见的是基于系统和子系统的分解原则。不管采用何种原则进行分解，最终工作分解结构必须是面向可交付成果的，也必须符合项目的范围，同时底层应该支持计划和控制。如果软件有部分功能采用了其他组织的产品或者服务，即外包的形式，那么在工作分解结构中也应该把这部分工作反映出来，并应该特别注意这部分工作对其他工作的影响。

有两种主要的方式来创建工作分解结构，即自顶向下法和自底向上法。自顶向下法是先把项目工作分解成若干阶段，然后不断细化，是一个从总体到细节的过程。而自底向上法则先考虑具体的细节工作，然后将底层的工作包不断合并成合适的阶段，是一个不断归纳的过程。两种方法各有各自的优点，自顶向下法更为常见。最终生成的工作分解结构可以采用图表形式表达，如图 10-3 所示。

图 10-3　工作分解结构示意图

底层的工作单元称为工作包，工作包应该非常具体，以便承担者能明确自己的任务、努力的目标和承担的责任，同时其具有检测和报告工作的作用。同时，工作包的大小也是需要考虑的细节，如果工作包太大，则难以达到可管理和可控制的目标；如果工作包太小，那么工作分解结构就要消耗项目管理者和项目组成员大量时间和精力。作为一种经验法则，8/80 规则建议工作包的大小应该至少需要 8 小时来完成，而总完成时间也不应该大于 80 小时。由于项目的不确定性，需要预留一部分时间、进度、资源给不确定的因素。

工作包必须有人负责，而且只由一个人负责，尽管实际上可能需要多个人参与。工作分解结构和责任人可以使用工作责任矩阵来描述，如表 10-3 所示，这样能够清楚地辨别每项工作和每个成员的责任。

表 10-3　工作责任矩阵示例

责任人 WBS	张　三	李　四	王　五	赵　六
设备安装	1	2		
综合布线		1	2	
软件编写与调试	2			1
硬件安装			1	2

项目组所完成的工作分解结构需要提交给项目投资人和其他的项目利益相关人，目的是确认所有的项目范围都已经包含在工作分解结构中，并且需要对工作分解结构达成一致。

10.2.4　范围确认

范围确认主要是确认项目的可交付成果是否满足项目利益相关人的要求，需要审查可交付物和工作成果，以保证项目中所有工作都能准确地、满意地完成。

范围确认依据范围说明书、工作分解结构字典、范围管理计划和可交付成果，采用检查的方式进行，检查包括测量、测试、检验等活动，以判断结果是否满足项目干系人的要求和期望，检查也可被称为审查、产品评审和走查等。

范围确认最有效的说明是制作项目的时间进度安排，如图 10-4 所示：项目的每个阶段从什么时候开始，到什么时候结束。在演示每个阶段时，在时间线上标明每个阶段和项目完成的关系。这样有利于让项目利益相关人理解项目组的计划。

图 10-4　项目时间线示例

在每个阶段，有必要说明最重要的活动，但没有必要涉及过多细节，除非项目利益相关人特别提到。其中，需要说明每个交付成果是否有明确的里程碑，里程碑是否有明确的、可辨别的事件，可交付成果的交付不但要有明确的标准标志，而且要有是否按照要求完成的标准，可以使用其他的辅助证明材料，如项目管理文件（计划、控制、沟通等）、技术需求确认说明书、技术文件、竣工图纸等。在范围确认中，所有的表达必须清晰，并取得一致的同意。

在范围确认过程中，已被客户接受的交付物要以书面的形式记录下来，没有被客户接受的交付物也要记录下来，同时还要记录未被客户接受的原因。在范围确认的工作过程中也可能会出现范围变更请求，如果这些范围变更请求得到了批准，那么也要重新修改项目范围说明书和工作分解结构。

10.2.5　范围控制

由于项目具有动态性，在实际项目中项目范围经常变化，因此对项目范围的变更控制和管理，是当前项目管理控制中的重点工作之一。

变更是项目干系人常常由于项目环境或者是其他的各种原因要求而对项目的范围计划进行修改，甚至是重新规划。引起变更的原因是多方面的，例如，项目外部环境发生变化（如法律、竞争者的新产品等），范围计划不周，有错误或者遗漏，出现了新的技术、手段和方案，项目实施组织发生了变化，客户对项目、项目产品或服务的要求发生变化等。

如何控制项目的范围变更，这需要与项目的时间控制、成本控制，以及质量控制结合起来管理。范围控制涉及以下内容：影响引起范围变更的因素，确保所有被请求的变更按照项目整体变更控制处理，并在范围变更实际发生时进行管理。未经控制的变更经常被看作范围蔓延。

对范围变更进行控制时，要以工作分解结构、项目进展报告、变更请求和范围管理计划为依据。进行范围变更控制必须经过范围变更控制系统，范围变更控制系统定义了项目范围发生变化所应遵循的程序，这个程序包括使用正式的书面报告，建立必要的跟踪系统和核准变更需求的批准系统；所有的范围变更必须在项目的工期、费用或者质量要求上有相应的变更，并且应尽可能减少范围蔓延的可能性。

范围变更往往会影响到项目的费用、时间、产品质量和需要使用的资源，这些需要同时进行调整，并要及时告知项目的相关利益人。范围变更将带来一系列项目交付物、文档系统的变化（如项目实施变更申请单，如表 10-4 所示）。变更需求产生的原因、进行纠正行为的理由和产生的结果，以及其他有关范围变更的经验教训都应该记录在册，作为以后项目范围管理工作的参考。

表 10-4　项目实施变更申请单示例

文件编号：

项目名称	
实施地点	
变更时间	
变更申请人	
变更内容	
变更原因	
变更确认	
变更评审意见	
	签字：　　　　　年　　月　　日

变更信息	是否变更		变更编号	
	变更执行人		变更时间	
	变更级别		负责人签字	
	抄送单位			

范围控制的输出包括变更申请、工作分解结构相关的更新、纠正行为和经验教训等。

任务 10.3　时间管理

项目管理的首要任务是制订一个构思良好的项目计划，以确定项目的范围、进度和费用。在给定的时间完成项目是项目的重要约束性目标，能否按进度交付是衡量项目是否成功的重要标志之一。项目计划从付诸实施开始，便一直处于动态的变化调整之中，会遇到各种意外情况，会出现偏差，因此，进度控制是项目控制的重要内容。同时，由于项目管理是一个带有创造性的过程，项目不确定性很大，项目的进度控制是项目管理中的最大难点。

项目时间管理指使项目按时完成所必需的管理过程。进度安排的准确程度可能比成本估计的准确程度更重要。对于成本估计的偏差，软件产品可以靠重新定价或者大量的销售来弥补成本的增加，但如果进度计划不能得到实施则会导致市场机会的丧失或者用户不满意，而且也会使成本增加。因此在考虑进度安排时要把人员的工作量与花费的时间联系起来，合理分配工作量，利用进度安排的有效分析方法来严密监视项目的进展情况。

进度控制就是比较实际状态和计划之间的差异，并依据差异做出必要的调整以使项目向有利于目标达成的方向发展。进度控制包括相互影响的 3 个环节：以进度计划为基础、通过项目的动态监控实现进度控制、对比分析并采取必要的措施。这一过程不断循环，直至项目完成。项目进度控制的主要方法是规划、控制和协调。进度控制所采取的措施主要有组织措施、技术措施、合同措施、经济措施和管理措施等。项目时间管理或进度控制中的过程包括活动定义、活动排序、活动的资源估算、活动历时估算、制订进度计划及进度控制。

10.3.1　活动定义

在范围管理中完成了项目工作分解结构，项目管理者将项目工作分解为一系列更小、更易管理的活动。这些小的活动是保障完成项目最终交付产品的具体的、可实施的详细任务。在项目实施中，要将这些所有的活动编制成一个明确的活动清单，并且让项目团队的每个成员清楚有多少工作需要完成。活动清单应该采取文档形式，以便于项目其他过程的使用和管理。而对这些活动的识别及归档的过程就叫作活动定义。

活动定义依据项目范围说明书、工作分解结构、范围基线和项目管理计划进行。将项目组成部分细分为更小、更易于管理的单元以便更好地进行管理和控制；可以借鉴历史项目的活动清单（或其中一部分）经常作为一个新项目的活动清单的模板；要善于吸收本领域专家的意见，以得到更明确、风险更小的定义结果。

项目活动清单是项目活动定义的主要输出，其中需列出一个项目所需开展的全部活动，项目活动清单与项目工作分解结构相结合就能准确而详细地描述项目的活动，并确保项目团队成员能够明确自己的工作和责任；进行活动定义的详细依据应该整理成文件或文档材料，以便在项目管理过程中使用，详细依据应该包括给定的项目假设条件和已知的约束条件，也包括对项目清单的解释性文件；在活动定义的同时，交付出里程碑清单，使得后期的项目控制行为有连贯的基础。

10.3.2　活动排序

在一个项目中，活动的执行可能需要依赖于一定活动的完成，也就是说它的执行必须在某些活动完成之后，这就是活动的先后依赖关系。一般来说，依赖关系的确定应首先分析活动之间存在的逻辑关系，在此逻辑关系的基础上充分分析，以确定各活动之间的组织关系。为了进一步编制切实可行的进度计划，项目管理者应首先对活动进行准确的顺序安排。活动排序也称为工作排序，这项工作主要是确定各个活动任务之间的依赖关系，并形成文档。活动排序可以利用计算机辅助工具完成，也可以采用手工的方式进行。

活动排序依据活动定义阶段产生的活动清单、活动清单属性、项目范围说明书和里程碑清单进行。活动排序的工具和技术较多，下面将对其中部分做简单介绍。

1．前导图

前导图法（Precedence Diagramming Method，PDM）是一种利用节点表示不活动逻辑关系，用箭线表示活动逻辑关系的项目网络图，这种方法也叫作单代号网络图（Active On Node，AON）。在这种方法中，每项活动有唯一的活动编号，并注明了预计工期。通常，每个节点的活动会有如下几个时间：最早开始时间（ES）、最迟开始时间（LS）、最早结束时间（EF）和最迟结束时间（LF）。这几个时间点通常作为每个节点的组成部分，PDM 中节点的表示方法如图 10-5 所示。

图 10-5　PDM 中节点表示方法示例

前导图法包括以下 4 种活动依赖关系。

（1）结束—开始的关系（FS 型）：先行活动结束后，后续活动才能开始。

（2）结束—结束的关系（FF 型）：先行活动结束后，后续活动才能结束。

（3）开始—开始的关系（SS 型）：先行活动开始后，后续活动才能开始。

（4）开始—结束的关系（SF 型）：先行活动开始后，后续活动才能结束。

在这些依赖关系中，最常用的是结束—开始（FS）的关系。PDM 中活动依赖关系如图 10-6 所示。

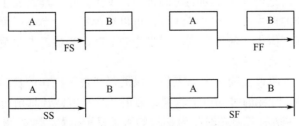

图 10-6　活动依赖关系图

如某项目包括若干活动，使用 PDM 绘制的简单网络图如图 10-7 所示。

图 10-7　前导图示例

2．箭线图

箭线图法（Arrow Diagramming Method，ADM）是用箭线同时表示任务和其逻辑关系的一种网络图表示方法，这种方法又叫作双代号网络图法（Active On Arrow，AOA）。在箭线表示法中，给每个事件而不是每项活动指定一个唯一的号码。活动的开始（箭尾）事件叫作该活动的紧前事件，活动的结束（箭头）事件叫作该活动的紧后事件。

在 ADM 网络图中，每个事件必须有唯一的一个代号，即网络图中不会有相同的代号；任两项活动的紧前事件和紧后事件代号至少有一个不相同，节点序号沿箭线方向越来越大；流入（流出）同一节点的活动，均有共同的后继活动（或先行活动）。箭线图法中引入了一种额外的节点，它表示一种特殊的活动，叫作虚活动。虚活动不消耗时间，在网络图中由一个虚箭线表示。借助虚活动，我们可以更好地识别活动，更清楚地表达活动之间的关系。在复杂的网络图中，为避免多个起点或终点引起的混淆，也可以用虚活动来解决，即用虚活动与所有能立即开始的节点连接。网络图中至少缺少一个紧前活动或一个紧后活动的节点称为"虚悬事件"（或悬点）。在正确描画的网络图中，只要有必要，所有悬点都应该通过增加虚活动来消除。使用 ADM绘制的简单网络图如图 10-8 所示。

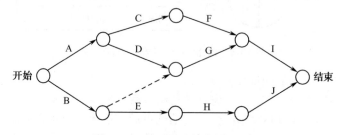

图 10-8　项目活动箭线图示例

3．双代号时标网络计划

双代号时标网络计划是以水平时间坐标为尺度编制的双代号网络计划，兼有网络计划与横道计划的优点，它能够清楚地表明计划的时间进程，使用方便；能在图上直接显示各项工作的开始与完成时间、工作的自由时差及关键线路；可以统计每一个单位时间对资源的需要量，以便进行资源优化和调整；但由于箭线受到时间坐标的限制，当情况发生变化时，对网络计划的修改比较麻烦，往往要重新绘图。

时标网络计划绘制中应以实箭线表示工作，以波形线表示工作的自由时差；以水平时间坐标为尺度表示工作时间，时标的时间单位应根据需要在编制网络计划前确定，可为时、天、周、月或季；时标网络计划中所有符号在时间坐标上的水平投影位置，都必须与其时间参数相对应，节点中心必须对准相应的时标位置；虚工作以垂直方向的虚箭线表示。时标网络计划图的绘制可以采用间接绘图法和直接绘图法，还可以按照节点最早开始时间（ET）或节点最迟时间（LT）

分为早时标网络计划和迟时标网络计划。

　　根据网络计划中工作之间的逻辑关系及各工作的持续时间,直接在时标计划表上绘制时标网络计划,如图 10-9 所示。将起点节点定位在时标表的起始刻度线上;按工作持续时间在时标计划表上绘制起点节点的外向箭线;其他工作的开始节点必须在其所有紧前工作都绘出以后,定位在这些紧前工作最早完成时间(ET)最大值的时间刻度上;某些工作的箭线长度不足以到达该节点时,用波形线补足,箭头画在波形线与节点连接处。用上述方法从左至右依次确定其他节点位置,直至网络计划终点节点定位。如图 10-10 所示为采用直接绘图法绘制的时标网络计划图。

图 10-9　某项目网络计划图

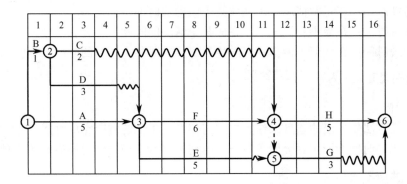

图 10-10　项目对应时标网络计划图

　　项目管理团队要确定可能的时间提前与滞后量,将时间提前与滞后量以及相关的假设条件以文档的形式记录下来。利用时间提前量可以提前开始后继活动,而利用时间滞后量可以推迟后继活动。

　　活动排序完成之后可以得到项目计划网络图和更新的活动清单及活动属性,有时在活动排序过程中也会产生变更,需要按照变更控制流程进行相应处理。

10.3.3　活动资源及历时估算

　　活动资源估算包括决定需要什么资源(人力、设备、原料)和每一样资源应该用多少,以及何时使用资源来有效地执行项目活动。活动历时估算是项目制订计划的一项重要工作,它直接关系到各项具体活动、各项工作网络时间和完成整个项目所需要总体时间的估算。项目团队需要对项目的工作时间做出客观、合理的估计。在估算时,要在综合考虑各种资源,同时要做到从大局考虑,不应顾此失彼。

　　活动资源及历时估算中,除了企业环境因素和组织过程资产外,还要依据活动清单、活动属性和变更请求的内容。资源估算中要进行资源可用性评价,否则活动的资源估算将是纸上谈兵,同时生成资源日历,以供活动历时估算使用。

活动资源和历时估算的方法和技术如下。

1．专家判断

专家的判断主要依赖于历史的经验和信息，但专家"专"的程度及对项目的理解程度是工作中的难点。

2．类比法

用以前类似项目工作的完成时间和所用资源来估计当前工作，类比法适合评估一些与历史项目在应用领域、环境和复杂度等方面相似的项目，通过新项目与历史项目的比较进行估算。由于类比法估计结果的精确度取决于历史项目数据的完整性和准确度，因此，用好类比法的前提条件之一是组织建立起较好的项目后评价与分析机制。

3．参数式估算

在进行活动历时估算时，有时可以考虑采用一些参数来进行估算，如将应当完成的工作量乘以生产效率就可以估算出活动的持续时间。

4．历时的三点估算

估计活动的最可能、最乐观及最悲观时间，通过设置权重，运用统计规律降低历时估算的不确定性。

（1）最可能时间：在正常情况下，完成某个活动的时间，记为 m_t。

（2）最悲观时间：在最不利情况下，完成某个活动的时间，记为 a_t。

（3）最乐观时间：在任何事情都顺利的情况下，完成某个活动的时间，记为 b_t。

活动 i 的期望时间 t_i 为 $t_i = \dfrac{a_i + 4m_i + b_i}{6}$。

5．预留时间

不管用什么方法估计出的项目工作完成时间都不是工作的实际完成时间，出于谨慎的考虑，可以按照估计出的时间的一定百分比预留一些时间来作为对应急情况发生时的一种补充。

10.3.4　进度计划

制订进度计划就是决定项目活动的开始和完成的日期。根据对项目工作进行的分解，找出项目活动的先后顺序、估计出活动历时之后，就要安排好活动的进度计划。

进度计划的制定依据活动定义、活动排序、活动资源和历史估算的内容进行，主要的依据有项目范围说明书、活动清单、活动属性、活动资源需求、资源日历、活动历史估算、项目进度网络图、项目管理计划等。

制订进度计划的工具和技术如下。

1．关键路线法

关键路线法（Critical Path Method，CPM）是借助网络图和各活动所需时间（估计值），计算每项活动的最早或最迟开始和结束时间，其核心思想是将分解的活动按逻辑关系加以整合，统筹计算出整个项目的工期和关键路径，关键是计算"总时差"，这样可决定哪一活动有最小时间弹性。

关键路线法沿着项目进度网络图的路线进行正向和反向分析，从而计算出所有计划活动理论上的最早开始与完成时间、最迟开始与完成时间，不考虑任何资源限制。在任何网络路线上，进度灵活余地的大小由最早与最迟日期两者之间的差值决定，该差值叫"总时差"。最早开始时间和最晚开始时间相等的活动成为关键活动，关键活动串联起来的路径成为关键路径，关键路径的长度即为项目的工期。为了使路径总时差为零或正值，有必要调整活动持续时间、逻辑关系、时间提前与滞后量或其他进度的限制因素。一旦路径总时差为零或正值，则还能确定自由时差。自由时差就是不延误同一网络路线上任何直接后继活动最早开始时间的条件下，计划活动可以推迟的时间长短。

2．关键链法

在关键路线法中，没有考虑资源的可用性。关键链法结合了确定性与随机性办法，开始时利用进度模型中活动持续时间的估算，根据给定的依赖关系与限制条件绘制项目进度网络图，然后计算关键路径，在确定关键路径后，将资源的有无与多寡的情况考虑进去，确定资源限制进度计划。考虑资源的限制有时会改变关键路线。

3．情景分析

情景分析就是对"某一情景出现时应当如何处理"这样的问题进行分析。情景分析的结果可以用于估计项目进度计划在不利条件下的可行性，编制应急和应对计划。模拟是指对活动做出多种假设，计算项目多种持续时间。最常用的技术是蒙特卡洛分析，这种分析为每个计划活动确定一种活动持续时间的概率分布，然后利用这些分布计算出整个项目持续时间可能结果的概率分布。

4．进度压缩

寻找在不改变项目范围的条件下缩短项目进度的途径，是为了缩短项目工期。赶工是对成本和进度进行权衡，确定在尽量少增加费用的前提下最大限度地缩短项目所需要的时间；快速跟进是指同时执行在初始计划中按先后顺序做的阶段或活动。进度压缩技术要慎用，赶工进度并非总能产生可行的方案，反而常常增加成本，快速跟进往往造成返工，并通常会增加项目的风险。

其他的技术和工具还有进度模型、项目管理软件、资源平衡、超前与之后等。

项目进度计划制订过程输出项目进度计划、进度基准、进度模型数据等内容，其中在项目进度计划中包含各种图表，如项目进度网络图、甘特图、里程碑图等。

10.3.5　进度控制

项目进度控制是依据项目进度计划对项目的实际进展情况进行控制，使项目能够按时完成。进度控制过程包括定期收集项目完成情况的数据，将实际完成情况数据与计划进程进行比较，一旦发现进度滞后则采取措施予以纠正，如果纠正所引起的变更被列入计划并取得了客户的同意就必须修改基准计划。

有效控制的关键是监控项目的实际进度，及时、定期地将它与计划进度进行比较，并立即采取必要的纠正措施。进度控制的内容包括：确定当前进度的状况；对造成进度变化的因素施加影响，以保证这种变化朝着有利的方向发展；确定进度是否已发生变化；在变化实际发生和正在发生时，对这种变化实施管理。

进度控制的依据有项目进度计划、绩效报告、已批准的变更请求、进度管理计划等，使用项目管理软件、进度变更控制系统等进行，还可以使用以下方法或技术进行进度控制。

1．偏差分析

偏差分析是一种进度测量技术，可用来估计和确定变更的程度和范围，也称为挣值法。挣值法通过测量和计算已完成的工作的预算费用、已完成工作的实际费用、计划工作的预算费用，得到有关计划实施的进度和费用偏差，从而达到判断项目预算和进度计划执行情况的目的。挣值（Earned Value）表示已完成工作的预算。

挣值法的 3 个参数如下。

（1）计划工作量的预算费用（Budgeted Cost for Work Scheduled，BCWS）：是指项目实施过程中某阶段计划要求完成的工作量所需的预算工时（或费用）。计算公式为 BCWS=计划工作量×预算定额，主要反映进度计划应当完成的工作量。

（2）已完成工作量的实际费用（Actual Cost for Work Performed，ACWP）：是指项目实施过程中某阶段实际完成的工作量所消耗的工时（或费用），主要反映项目执行的实际消耗指标。

（3）已完工作量的预算成本（Budgeted Cost for Work Performed，BCWP）：是指项目实施过程中某阶段实际完成工作量及按预算定额计算出来的工时（或费用），即挣值。BCWP 的计算公式为 BCWP=已完成工作量×预算定额。

依据项目不同阶段的以上 3 个参数，可计算出项目阶段进行的评价指标，用以进行分析决策。

（1）进度偏差（Schedule Variance，SV）：是指检查日期 BCWP 与 BCWS 之间的差异，其计算公式为 SV=BCWP-BCWS。

当 SV 为正值时，表示进度提前；当 SV 为负值时，表示进度延误。

（2）费用偏差（Cost Variance，CV）：是指检查期间 BCWP 与 ACWP 之间的差异，其计算公式为 CV=BCWP-ACWP。

当 CV 为负值时，表示执行效果不佳，即实际消耗人工（或费用）超过预算值，超支了；当 CV 为正值时，表示实际消耗人工（或费用）低于预算值，即有节余或效率高；当 CV 等于零时，表示实际消耗人工（或费用）等于预算值。

（3）费用执行指标（Cost Performed Index，CPI）：是指预算费用与实际费用值之比（或工时值之比），其计算公式为 CPI=BCWP/ACWP。

当 CPI>1 时，表示低于预算，即实际费用低于预算费用；当 CPI<1 时，表示超出预算，即实际费用高于预算费用；当 CPI=1 时，表示实际费用与预算费用吻合。

（4）进度执行指标（Schedul Performed Index，SPI）：是指项目挣值与计划之比，其计算公式为 SPI=BCWP/BCWS。

当 SPI>1 时，表示进度提前，即实际进度比计划进度快；当 SPI<1 时，表示进度延误，即实际进度比计划进度慢；当 SPI=1 时，表示实际进度等于计划进度。

由挣值分析的各个值和多个指标可绘制项目进行阶段的挣值曲线图，如图 10-11 所示，在图中可以明确显示出项目阶段的各项指标和项目阶段的状态。

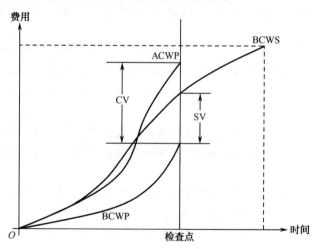

图 10-11　偏差分析各项指标示意图

进度的偏差往往意味着费用的偏差，挣值法还可以按照项目实际完成情况估计在目前实施情况下完成项目所需的总费用，完成情况估计（Estimate At Completion，EAC）的计算有如下方法。

（1）当前的变化可以反映未来的变化，项目的进行会按照目前项目的状态持续时，EAC=实际支出+按照实施情况对剩余预算所做的修改。

（2）当过去的执行情况显示了所有的估计假设条件基本失效的情况下，或者由于条件的改变原有的假设不再适用时，EAC=实际支出+对未来所有剩余工作的新的估计。

（3）项目当前状况仅是一种特殊情况，项目未来的实施不会发生类似的变化时，EAC=实际支出+剩余的预算。

2．进展报告

项目进展报告是记录观测检查的结果、项目进度现状和发展趋势等有关内容的最简单的书面形式报告。根据报告的对象不同，项目进展报告确定不同的编制范围和内容，一般分为项目概要级进度控制报告、项目管理级进度控制报告和业务管理级进度控制报告。项目进展报告的形式可分为：日常报告、例外报告和特别分析报告。几种常见的项目进展报告如项目关键点检查报告、项目执行状态报告、重大突发事件报告，如表 10-5 所示。

表 10-5　项目进展报告的各种形式示例

（a）项目关键点检查报告

关键点名称		检查组	
检查组负责人		报告人	
报告日期		报告份数	
关键点目标描述			
关键点实际进度与计划进度比			
交付物满足项目要求说明			
项目发展趋势预测			
检查组负责人审核意见： 　　　　　　　　　　　　　　　　　　　　签名：　　　　年　月　日			

（b）项目执行状态报告

项目（工作/任务）名称		项目（工作/任务）编码	
报告日期		报告份数	
实际进度与计划进度比较			
已用、尚需与计划时间比较			
交付物满足项目要求说明			
任务按时完成情况说明			

续表

目前人员配备状况	
目前技术状况	
完成预测	
潜在风险分析及预测	
负责人审核意见： 签名：　　　　　　　　　　年　月　日	

（c）重大突发事件报告

事件发生时间	
事件发生部位	
事件描述	
事件影响程度说明	
事件原因分析	
建议采取措施	
负责人审核意见： 签名：　　　　　　　　　　年　月　日	

项目进展报告的报告期应根据项目的复杂程度和时间期限，以及项目的动态监测方式等因素确定，一般可考虑与定期观测的间隔周期相一致。一般来说，报告期越短，早发现问题并采取纠正措施的机会就越多。

3. 计划比较甘特图

为了便于分析进度计划的进展情况，可以使用两个甘特图表示每个计划活动的进度比较。其中一个甘特图显示当前状态，另一个甘特图显示前一个进度的更新状态，如图 10-12 所示为横道比较图。通过直观比较的方法，使项目管理者明确实际进度与计划进度之间的偏差，为采取调整措施提出了明确任务。为了方便比较，一般用实际完成量的累计百分数与计划应完成量的累计百分数进行比较。

细实线表示计划进度，粗实线表示实际进度，从图 10-12 中可以看出，需求分析已经结束，设计建模比进度计划拖后约半个月，编码的实际进度比计划进度拖后约半个月，测试和实施部署活动还未开始。但是，这种方法仅适用于项目中各项工作都是匀速进行的，即每项工作在单位时间内所完成的任务量相等的情况。

项目进度控制是随着项目的进行而不断进行的，是一个动态过程，也是一个循环进行的过程。项目进度计划的信息从上到下传递到项目实施相关人员，使计划得以贯彻落实；而项目实际进度信息则自下而上反馈到各有关部门和人员，以供分析并做出决策，进而调整，使进度计划仍能符合预定工期目标。这就需要建立信息系统，以便不断地进行信息的传递和反馈。可见，项目进度控制的过程也是信息传递和反馈的过程。在进行项目进度控制时，可以利用这些弹性，缩短工作的持续时间，或改变工作之间的搭接关系，以最终实现项目的工期目标。

工作编号	工作名称	工作时间（月M）	项目进度								
			1	2	3	4	5	6	7	8	9
1	需求分析	3	▬	▬	▬						
2	设计建模	2			▬	▬					
3	编码	4				▬	▬	▬	▬		
4	测试	3						▬	▬	▬	
5	实施部署	2								▬	▬

图 10-12　某项目进度横道比较图

任务 10.4　成本管理

项目的成本是项目的全过程所耗用的各种费用的总和，项目成本管理首先关心的是完成项目活动所需资源的成本，但也应该考虑项目决策对使用项目产品成本的影响。项目成本管理中应该关心的成本有项目决策成本、招标成本、项目实施成本。成本管理是指在项目的实施过程中，为了保证完成项目所花费的实际成本不超过其预算成本而展开的项目成本估算、项目预算编制和项目成本控制等方面的管理活动。

10.4.1　成本估算

成本估算是指对完成项目各项活动所必需的各种资源的成本做出近似的估算，需要根据活动资源估算中所确定的资源需求（包括人力资源、设备、材料等），以及市场上各种资源的价格信息来进行。具体来讲，项目成本的大小与项目所耗用资源的数量、质量和价格有关；与项目的工期长短有关（项目所消耗的各种资源包括人力、物力、财力等都有自己的时间价值）；与项目的质量结果有关（因质量不达标而返工时需要花费一定的成本）；与项目范围的宽度和深度有关（项目范围越宽越深，项目的成本就越大；反之，项目成本越小）。

成本估算是复杂且困难的工作，而现实中往往不允许在项目的初期投入太多的资源对项目的成本进行估算，随着项目的进展、许多具体情况的明确，项目的成本估算也会相应地有所变化。有效的项目成本估算是建立在大量的同类项目的成本结算的基础上的，没有大量的同类项目的经验，信息系统项目的成本估算也就非常困难。

编制项目成本估算需要进行 3 个主要步骤。首先，识别并分析项目成本的构成科目，即项目成本中所包括的资源或服务的类目；其次，根据已识别的项目成本构成科目，估算每一成本科目的成本大小；最后，分析成本估算结果，找出各种可以相互替代的成本，协调各种成本之间的比例关系。

以前项目的档案、市场上公开发售的费用估计参考资料和项目组成员的经验可以做参考。成本估算依据项目管理计划、项目范围说明书及工作分解结构进行，采用的技术和方法如下。

1. 自上而下估算法

自上而下估算法又称为类比估算法，是根据管理人员的经验和判断，再结合以前相关类似活动的历史数据，由管理人员估计项目整体的成本和子项目的成本，把这个估计的成本给下一层的管理人员，下层管理人员再对任务和子任务的成本进行估计，最后到底层。这种方法简单易行，花费少，一个组织进行的同类的项目越多，对该类项目的成本估算就越准确。尤其是当项目的详细资料难以得到时，此方法是估算项目总成本的一种行之有效的办法。

自上而下估算的主要优点是管理层会综合考虑项目中的资源分配，基于管理层的经验，他们能相对准确地把握项目的整体需要，能够把预算控制在有效的范围内；但由于项目的一次性、独特性等特点，在实际工作中，根本不存在完全相同的两个项目，因此这种估算的准确性比较差。

2. 自下而上估算法

自下而上估算法也叫工料清单法，这种成本估算方法是利用项目工作分解结构图，先由基层管理人员计算出每个工作单元的生产成本，再将各个工作单元的生产成本自下而上逐级累加，汇报给项目的高层管理者，最后由高层管理者汇总得出项目的总成本。自下而上估算的前提条件是项目实施人员对所做的子任务的了解和精通。

自下而上估算的主要优点是在任务和子任务上的估算更为精确，基层管理者是项目资源的直接使用者，项目实施人员更了解每个子任务所需要的资源，因此由他们进行项目成本估算得到的结果应该十分详细，与其他方式相比也更为准确。但是该种估算方法的实施比较耗时，同时要保证涉及所有的项目任务也是十分困难的。

3. 模型法

使用模型是一种常见的估算依据，可以使用和当前项目类似的项目的模型，如 COCOMO 是一种在信息系统中常用的模型，它基于功能点和代码行数来进行项目的成本估算。

4. 最大最小最有可能估算

与进度管理中的 3 点估算法类似，在项目的成本估算中，常常采用带有范围的估算，即给出项目的最小成本估算、最大成本估算和最有可能的成本估算。这 3 个值作为项目的出资人或者管理层项目决策的参考。

除了以上的技术和方法，项目成本估算还可以采用项目管理软件、卖方投标分析、准备金分析、质量成本等技术和工具来进行。项目成本估算后生成项目成本估算结果、摘要或者详细的形式描述实施项目所必需的全部资源及这些资源的数量、质量标准和成本，并要有对成本估算依据进行详细说明的相关支持性细节文件。

10.4.2 成本预算

项目成本预算是将项目的成本估算分配到项目的各项具体工作上，以确定项目各项工作和活动的成本定额，制定项目成本的控制标准，规定项目意外成本的划分与使用规则的一项项目管理工作。项目成本预算能够保证各项工作能够及时获得所需的资源；同时项目成本预算也是度量项目各项工作在实际实施过程中资源使用数量和效率的标准；由于项目在实施过程中会面临种种不确定性，可能会遇到很多不可预测的事件，因此需要根据实际施工情况，对项目各项工作的成本预算进行适当的调整。

成本预算依据成本估算的结果来进行，包括活动成本估算及相关支持性细节等。按照支出的合理化原则，使用成本总计、管理储备及参数模型等工具和技术来进行项目成本预算；预算完成后，得到项目资金需求，成本基线、成本基准计划、变更请求等内容。

10.4.3　成本控制

项目成本控制是指项目组织为保证在变化的条件下实现其预算成本，按照事先拟订的计划和标准，通过各种方法，对项目实施过程中发生的各种实际成本与计划成本进行对比、检查、监督、引导和纠正，尽量使项目的实际成本控制在计划和预算范围内的管理过程。随着项目的进展，根据项目实际发生的成本额，不断修正原先的成本估算和预算安排。进行成本控制必须依据费用基准、进展报告、变更请求和费用管理计划。

有效成本控制的关键是经常及时地分析成本绩效，尽早发现成本差异和成本执行的无效率，以便在情况变坏之前能够及时采取纠正措施。成本控制中可以使用项目管理软件；召开绩效评估会议来估计项目活动的情况和进度；项目绩效评估可以采用偏差分析、趋势分析、挣值分析等绩效报告技术，依据偏差分析的结果进行偏差管理；采用绩效测量方法如挣值分析法获得项目当前准确的成本绩效信息，并结合项目的实际情况进行项目未来成本的预测。

挣值管理可以在项目某一特定时间点上，从达到范围、时间和成本 3 项目标上，评价项目所处的状态。通过与计划完成的工作量、实际挣得的收益、实际的成本进行比较，可以确定成本、进度是否按计划执行。在进度控制中对挣值分析进行了详细的介绍，在成本控制中，可以使用 PV 表示计划值，即计划在规定时间点之前在活动上花费的成本的总价值；使用 AC 表示实际发生成本，在规定时间内，完成活动内工作实际发生的成本总额；EV 表示挣值，即实际完成工作的预算价值。则成本偏差（CV）和成本绩效指数（CPI）可以表示为：

$$CV=EV-AC \qquad CPI=EV/AC$$

CV>0，表明项目实施处于成本节省状态；CV<0，表明项目处于成本超支状态。

CPI>1.0，表示成本节余，实际成本少于计划成本，资金使用效率较高；CPI<1.0，表示成本超支，实际成本多于计划成本，资金使用效率较低。

成本控制活动过程会依据项目实际情况进行成本基线的更新，并更新项目管理计划，提出建议的纠正措施使项目未来工作所花费的实际成本控制在项目计划成本以内，对工作分解结构，特别是工作包和控制账目计算的 CV、SV、SPI 和 CPI 值应进行记录并通知相关干系人。

任务 10.5　质量管理

质量是"使实体具备满足明确或隐含需求能力的各项特征之总和"，明确或隐含的需求是指按项目要求制定的基础性文件。美国质量管理协会对质量的定义为："过程、产品或服务满足明确或隐含的需求能力的特征。"国际标准化组织 ISO 对质量的定义为："一组固有特性满足需求的程度。"《软件工程术语标准 GB/T11457—1995》中对质量的定义为："产品或服务的全部性质和特征，能表明产品满足给定的要求"。《计算机软件质量保证计划规范（GB/T12504—2008）》对软件质量的定义为："软件产品中能满足给定需求的各种特性的总和"。这些特性称为质量特性，它包括功能度、可靠性、时间经济性、资源经济性、可维护性和移植性等。在定义中，要区分质量和等级的概念，等级是对具有相同功能的实体按照不同技术特征进行分类或分级。质量偏低永远是个问题，而等级较低则不见得是个问题。

项目质量管理的目的是通过执行项目质量管理过程，和使用一些基本项目管理工具及技术，来保证信息系统的质量。时间、成本、质量是项目管理的 3 大目标。在项目整个生命周期中，项目的工作不可避免地会出现失误，项目的实施过程也是质量的形成过程。质量并不是只存在于开发产品或项目实施起始阶段，也不只是在交付客户时才存在，而是关系到产品的整个生命周期，涉及产品的各层面。项目的生命周期的每个阶段（可行性研究、需求分析、系统设计、编码阶段、测试阶段、维护阶段等）都会有质量问题。项目质量管理包括保证项目能满足原先规定的各项要求所需的过程，即"总体管理功能中决定质量方针、目标与责任的所有活动，并通过诸如质量计划编制、项目质量保证、项目质量控制、质量改进等手段在质量体系内加以实施"。

10.5.1　质量规划

质量规划首先由识别相关的质量标准开始，以实施项目组织的质量策略、项目的范围说明书、产品说明书等作为质量规划的依据，识别出项目相关的所有质量标准，力争使项目质量达到或者超过项目的客户及其他项目干系人的期望和要求。质量规划还包括，以一种能理解的、完整的形式表达为确保质量而采取的纠正措施。在项目的质量规划中，描述出能够直接促成满足顾客需求的关键因素是非常重要的。

现代质量管理的一项基本准则"质量是计划出来的，而不是检查出来的"，编制一份清晰的质量管理计划是实施项目质量管理的第一步，而一个清晰的质量管理计划首先需要明确以下两点：一是明确将采用的质量标准，二是明确质量目标。在该过程中，质量政策和质量标准往往是编制质量管理计划的约束条件，并来自项目组织之外。另外，项目质量管理计划的编制必须结合信息系统项目的具体特征和组织自身的实际情况，需注意与其他知识领域的协调。

质量规划依据项目章程、项目管理计划、项目范围说明书进行，进行质量规划有以下方法。

1．成本/效益分析

在质量规划的过程中，必须权衡成本与效益之间的关系。效益是指项目的各项工作做得好，能满足项目的质量要求，其主要目标是减少返工，提高生产率，降低项目的成本，提高项目各干系人的满意程度。满足质量要求的成本主要是支出与项目质量管理活动有关的费用，而质量规划的目标是努力使获得的收益远远超过实施过程中所消耗的成本。

2．基准分析

基准分析就是将实际实施过程中或计划之中的项目做法，同其他类似项目的实际做法进行比较，通过比较来改善与提高目前项目的质量，以达到项目预期的质量或其他目标。其他项目可以是执行组织内部的项目，也可以是外部的项目，可以是同一个应用领域的项目，也可以是其他应用领域的项目。

3．质量成本

质量成本是指为了达到产品或服务质量而进行的全部工作所发生的所有成本，包括为确保与要求一致而做的所有工作成本（称为一致成本），以及由于不符合要求所引起的全部工作成本（称为非一致成本）。这些工作引起的成本主要包括3种：预防成本、评估成本和故障成本，其中预防成本和评估成本属于一致成本，而故障成本属于非一致成本。

质量规划完成后得到质量管理规划、质量度量指标、质量检查单和过程改进计划。质量管理计划是整个项目管理计划的一部分，它描述了项目的质量策略，并为项目提出质量控制、质量保证、质量提高和项目持续过程改进方面的措施。它还提供质量保证行为，包括设计评审和质量核查。质量管理计划可以是正式的和非正式的，可以是非常详细的或简要概括的，皆以项目的需求而定。过程改进计划是项目管理计划的补充，详细描述了分析过程，可以很容易辨别浪费时间和无价值的活动，可以增加对客户的价值。

在软件项目管理的质量规划中要注意，除一般产品所共有的衡量指标外，信息系统产品质量包括功能性、稳定性、经济性、生命力、适用性、可靠性、安全性、可维护性等信息系统产品指标，以及服务时间、服务能力、服务态度等客户服务指标。

10.5.2 质量保证

质量保证是保证质量管理计划得以实施的一组过程及步骤，旨在证明项目满足相关的质量标准，并为质量检查、改进和提高提供具体的度量手段。所有这些在质量系统内实施的活动都属于质量保证，质量保证的另一个目标是不断地改进质量。质量保证往往由质量保证部门或项目管理部门提供，但并非必须由此类单位提供。质量保证可以分为内部质量保证和外部质量保证，内部质量保证由项目管理团队，以及实施组织的管理层实施；外部质量保证由客户和其他未实际参与项目工作的人员实施。

依据质量规划的各项输出和工作绩效信息执行质量保证活动，可以采用质量规划的各项工具和技术进行质量保证，如基准比较法、质量成本、实验设计等。质量保证的主要工具和技术是质量审计。质量审计是对特定管理活动进行结构化审查，找出问题以改进现在或将来项目的实施。质量审计可以是定期的，也可以是随时的，可由公司质量审计人员或在信息系统领域有专门知识的第三方执行。

质量保证过程的输出包括了项目管理计划的更新，最重要的是给出建议的纠正措施，包括提高执行组织的效益和效率的推荐的措施。一般情况下，项目的产品或服务交付后，由质量管理信息系统继续跟踪产品或服务的运行情况。如果在服务期内发现了产品的质量问题，则由项目管理人员指定专门的技术人员记录问题，并进行分类，根据问题的级别分别进行处理，在项目的服务期内继续对产品或服务的质量进行监控。

10.5.3 质量控制

质量控制指监视项目的具体结果，确定其是否符合相关的质量标准，并判断如何能够去除造成不合格的结果的根源。质量控制应贯穿于项目的始终。项目结果既包括产品结果，也包括项目管理结果。项目产品的质量控制一般由质量控制职能部门或类似部门负责，而项目过程结果的质量，需要由项目管理组织的成员进行控制。质量控制过程还可能包括详细的活动和资源计划。

质量管理计划、绩效报告及工作结果等是进行质量控制的依据。项目质量管理工具有很多，常见的包括帕累托图、控制图、流程图、直方图、趋势图、散点图、统计抽样、质量功能分布图（QFD）、关联树图和方案效果分析法等。在软件项目中，最常用的方法是检查，检查包括诸如测量、检查和测试等活动，检查又有多种说法，如审查、产品审查、审计、走查等。

任务 10.6 软件项目管理其他方面

10.6.1 人力资源管理

在项目管理中，"人"的因素极为重要，因为项目中所有活动均是由人来完成的。如何充分发挥"人"的作用，对于项目的成败起着至关重要的作用。项目人力资源管理就是有效地发挥每一个参与项目人员作用的过程。人力资源管理包括组织和管理项目团队所需的所有过程。项目团队由为完成项目而承担了相应的角色和责任的人员组成，团队成员应该参与大多数项目计划和决策工作。

项目人力资源管理主要包括编制人力资源计划、组建项目团队、项目团队建设和项目团队管理 4 个主要的过程。编制人力资源计划主要包括确定、记录并分派项目角色、职责和请示汇报关系，这个过程的输出主要包括角色和职责分配矩阵、报告关系，以及项目的组织结构；组建项目团队主要是招募、分派到项目工作的所需人力资源，得到项目所需的人员是信息系统项目成败的关键；而项目团队建设主要包括培养项目团队个人与集体的能力，以提高项目的绩效；管理项目团队跟踪个人和团队的绩效、提供反馈、解决问题并协调各种变更以提高项目绩效。这些过程之间，以及它们同其他知识领域中的过程都会相互影响。

1. 人力资源计划编制

人力资源计划编制是决定项目的角色、职责及报告关系的过程。人力资源计划编制要创建一个项目人员配备管理计划，包含了如何及何时获取项目所需的人力资源、释放人力资源的标准、识别项目成员所需的培训、认可及奖励计划、是否有必须遵循的某些约定、安全问题，以及该计划对组织的影响等。在大多数项目中，组织计划主要作为项目最初阶段的一部分。但是，这一过程的结果应当在项目全过程中经常性地复查，以保证它的持续适应性。这个过程生成项目的组织结构图，如图 10-13 所示；责任分配矩阵（RAM）如图 10-14 所示，表示角色和职责的分配关系，以及项目成员管理计划。

图 10-13　某项目组织结构图

活动 \ 人员	张三	李四	王五	赵六	韩七
定义	R	I	A	I	I
设计	C	R	I	A	C
开发	C	A	R	C	I
测试	A	C	C	I	R

R=任务责任人；A=任务执行人；C=提供信息辅助执行；I=拥有既定特权、及时获得通知

图 10-14　某项目责任分配矩阵

在已经明确项目所需的重要技能和何种类型人员的基础上，项目经理和团队成员应该为项目创建项目组织结构图。在制作完组织分解结构后，项目经理就可以开发责任分配矩阵了。责任分配矩阵为项目工作（用 WBS 表示）和负责完成工作的人（用 OBS 表示）建立一个映射关系，RAM 有时也称为 RACI 图（负责—执行—咨询—通知）。

2．组建项目团队

组建项目团队指获得人力资源的过程。项目管理团队确保所选择的人力资源可以达到项目的要求。在明确项目人力资源的需求后，一般来讲，应授予项目经理项目团队的组建权。项目经理应从各种来源物色团队成员，团队成员一般可以通过以下方法获得。

（1）事先分派。在某些情况下，项目团队成员可能会事先分派到项目上。

（2）谈判。多数项目的人员分派需要经过谈判，即与本组织的其他人合作以便项目能够分配到或得到合适的人员。如项目经理负责与职能经理谈判，以保证项目在规定期限内获得足以胜任的工作人员；与实施组织中其他项目管理班子谈判，以争取稀缺或特殊人才。

（3）外部采购。在组织缺乏完成项目所需的内部人才时，就需要动用采购手段。项目经理必须与组织的人力资源部门合作，及时解决招聘过程发生的问题，以保证招聘到所需的人员。

项目团队组建是一个动态的过程。成员管理计划要求的项目团队成员全部担任投入工作后，项目团队才算组建完毕。项目团队组建过程完成后，得到项目成员分配、资源日历等。

3．项目团队建设

项目团队建立后一般不能马上形成有效的管理能力，要有一个熟悉、适应和磨合的过程。项目团队建设就是培养、改进和提高项目团队成员个人，以及项目团队整体的工作能力，使项目管理团队成为一个特别有能力的整体，在项目管理过程中不断提高管理能力，改善管理业绩。

项目团队有两个鲜明的特点：第一是个体成员有共同的工作目标；第二是成员需要协同工作，也就是说某个成员工作需要依赖于另一成员的结果。项目团队的建设并非一蹴而就，需要经历形成期、震荡期、正规期、表现期等阶段。

项目团队建设的技术和方法，其中包括基本原则、同地办公、培训、团队建设活动和奖励与表彰制度等。

（1）基本原则。团建建设过程中，通过团队成员的讨论和研究，为可以接受的行为建立起一定的规则，使项目成员认识到彼此的重要性及价值所在。

（2）同地办公。同地（集中）办公是指将大量或者大多数重要的项目团队成员置于同一个工作地点，增加团队成员沟通交流的渠道，使团队成员间尽快磨合，以增进他们作为一个团队的能力。

（3）培训。培训包含了所有用以增进项目团队成员能力的活动，培训可以是正式的或者非正式的。

（4）团队建设活动。团队建设活动可小可大，如可以在项目的状态评审会上进行五分钟，也可以到户外进行一些由专业人员引导的用以增进人际关系的活动。进行团队建设常用的方法包括挑战体能训练、心理偏好指标等工具。

（5）奖励与表彰。如果管理层在适当的时候给予奖励，团队将受到激励，而能更有效地完成项目。

当一些培训、团队建设、集中办公等措施被实施后，项目管理团队可以进行正式或非正式的团队绩效评估。有效的团队发展策略和活动会提高团队的绩效，提高达成项目目标的可能性。

4．管理项目团队

项目管理团队要跟踪个人和团队的执行情况，提供反馈和协调变更，以此来提高项目的绩效，保证项目的进度。项目管理团队必须注意团队的行为、管理冲突、解决问题和评估团队成员的绩效。

管理项目团队可以使用观察对话、绩效评估、冲突管理、问题日志等工具和方法。

10.6.2 沟通管理

沟通是人与人之间传递信息的过程，对于项目取得成功是必不可少的。一般沟通模型，至少应包括信息发送者、信息、信息接收者3部分，而且沟通模型往往还是一个循环的过程，如图10-15所示。

图 10-15　项目管理沟通模型

发送者应该仔细地核对信息编码、确定发送信息的方法（沟通方法），并且要证实信息已经被理解了。接收者应该对信息进行仔细的解码，并且确保对信息的正确理解。在这个过程中，存在着由于语言、文化、沟通风格等方面的差异而造成的干扰，导致信息传输的失真。

沟通渠道是项目中沟通的排列组合数量，如项目中有 n 个成员，则沟通渠道的数量为 $n(n-1)/2$。沟通的复杂性会随着项目中人员的增加而增加，如当项目团队有3个人时，沟通渠道数为 $3(3-1)/2=3$；而当项目团队有9个人时，沟通渠道数为 $9(9-1)/2=36$。由于沟通是需要花费项目成本的，项目沟通渠道的增加，沟通偏好差异化矛盾上升，所以应尽量控制团队规模，避免大规模团队中常常出现的沟通不畅问题。

项目沟通管理包括保证及时与恰当地生成、搜集、传播、存储与最终处置项目信息所需的过程。每个参与项目的人都必须准备发送与接收沟通，并且要懂得他们作为个人所参与的沟通对项目整体有何影响。项目沟通管理包括沟通计划编制、信息分发、绩效报告、项目干系人管理等过程。

1. 沟通计划编制

沟通计划编制要确定项目干系人的信息和沟通需求：谁需要何种信息，何时需要，以及进行信息传递；详细来说应包括沟通内容及结果的处理、收集、分发、保存的程序和方式，以及报告、数据、技术资料等信息的流向。在大多数项目中，沟通计划在项目初期阶段完成，然而这个计划过程的结果应当在整个项目周期中经常被审查和调整以保持持续的适用性。

在编制沟通管理计划时，最重要的工作就是对项目干系人的信息需求进行详细的分析、评价、分类，通常这些信息要求的总和就是项目的沟通需求。项目干系人信息需求分析一般基于项目组织结构进行。除了核实沟通需求外，还要考虑沟通技术、项目假设和项目约束条件。沟通管理计划作为该过程的唯一输出，通常是整个项目管理计划的一个附属部分。

2. 信息分发

信息分发指以合适的方式及时向项目干系人提供所需的信息，包括实施沟通管理计划，以及对突发的信息需求做出反应。沟通管理计划和工作绩效信息是该过程的输入。信息分发通常需要借助一定的技巧，也就是沟通技巧，除此之外，还可借助有信息分发系统和信息检索系统。

项目管理中常用的沟通类型包括正式书面、非正式书面、正式口头和非正式口头4类。选择合适的沟通方法并不困难，围绕建立有效沟通的目的选择即可。当然，有效地沟通依赖于项目经理和项目成员良好的沟通技能。

3．绩效报告

绩效报告是一个收集并发布项目绩效信息的动态过程，包括状态报告、进展报告和项目预测。项目干系人通过审查项目绩效报告，可以随时掌握项目的最新动态和进展，分析项目的发展趋势，及时发现项目进展过程中所存在的问题，从而有的放矢地制定和采取必要的纠偏措施。项目管理计划和工作绩效信息是该过程输入的重要内容。绩效报告的主要输出包括：状态报告、进展报告、项目预测和变更请求。

4．项目干系人管理

项目干系人管理就是对项目沟通进行管理，以满足信息需要者的需求并解决项目干系人之间的问题。积极地管理项目干系人，提高了项目因为项目干系人之间存在未解决问题而偏离的可能性；提高操作人员的能力，避免他们在项目进行期间产生较强烈的矛盾。项目经理通常负责项目干系人的管理。

与项目成功有关的 3 个主要因素是：用户参与、主管层的支持、需求的清晰表述，所有这些因素都依赖于良好的沟通技能。为了使项目成功，项目的每个成员都需要这两类技能，即技术技能、沟通与社交技能。沟通不仅是信息的简单传递和使用，还有很多软技巧，如确定项目的沟通原则、了解自己和他人的沟通风格、确定团队的思考方式、召开高效会议和使用沟通模板等。

10.6.3　风险管理

风险表达了一种概率，具有偶发性。风险的含义可以从多种角度来考察。第一，风险同人们有目的的活动有关；第二，风险同将来的活动和事件有关。当事件、活动或项目有损失或收益与之相联系，涉及某种不确定性和涉及某种选择时，才称为有风险。项目风险是一种不确定的事件或条件，一旦发生，会对项目目标产生某种正面或负面的影响，所以既包括对项目目标的威胁，也包括促进项目目标的机会。风险具有随机性、相对性和可变性，风险的随机性是以风险事件的随机性来体现的；风险的相对性是指风险总是相对项目活动主体而言的；风险的可变性是指当条件发生变化时，必然会引起风险的变化，如风险性质的变化、风险后果的变化及出现新的风险等。

风险事件造成的损失或减少的收益，以及为防止发生风险事件采取预防措施而支付的费用，都构成了风险成本。风险成本包括有形成本、无形成本及预防与控制风险的费用。

项目风险管理的目的就是最小化风险对项目目标的负面影响，抓住风险带来的机会，增加项目干系人的收益。风险管理包括风险管理计划编制、风险识别、风险定性分析、风险定量分析、风险应对计划编制及风险跟踪与监控等过程。

1．风险管理计划编制

编制风险管理计划是风险管理的开始环节，也是风险管理的关键环节。它要保证风险管理的级别、类型及可见性，和风险本身及项目对组织的重要程度是相匹配的，这样组织才能提供充足的资源、时间来实施风险管理活动，并建立一致的风险评估基础。后续的风险识别、风险分析、风险跟踪都需要建立在风险管理计划的基础上。一般在项目计划早期就要考虑项目中的风险管理计划。

通常采用会议的方法制订风险计划。由于风险问题贯穿整个项目，对所有的项目干系人都会造成影响。因此，建议所有的项目干系人或干系人代表参加风险管理计划会议。这样才可以全面地考虑风险对项目的影响，制订充分的风险管理计划。在计划中，需要确定基本的风险管理活动；根据组织定义的风险管理过程定义项目中的风险管理过程；估计风险管理的时间表和费用，并把风险管理活动纳入项目计划，把风险管理费用纳入费用计划。通过对会议结论的总结就可以形成风险管理计划。

风险管理计划包括的内容有：（1）定义风险管理的步骤和工具；（2）在风险管理中的角色和责任；（3）投入的人力和物力估算；（4）风险管理活动进行的频度；（5）预定义的风险类别；（6）通过风险概率和风险影响描绘的风险重要程度；（7）风险跟踪过程的定义；（8）风险报告模板等。

2．风险识别

风险识别是确定何种风险可能会对项目产生影响，并将这些风险的特征形成文档。项目环境不断变化，风险识别也不是一蹴而就的，需要贯穿整个项目生命周期。风险识别的结果是一份风险列表，其中记录了项目中所有发现的风险。在通过对风险进行分析后，制订相应的风险防范和应对措施，并安排专人对风险进行跟踪。

项目风险识别的主要内容是识别并确定项目有哪些潜在的风险，识别引起这些风险的主要因素和项目风险可能引起的后果。项目风险识别的工具和技术有：文档评审、检查表、图解技术和信息收集技术等。其中图解技术有因果分析图、影响图及系统或过程流程图等，信息收集技术包括头脑风暴法、访谈法和优势/劣势/机会/威胁（SWOT）分析等。

风险识别过程最重要的输出为风险记录，风险记录最终会包含风险分析的结果、优先级，以及实施其他风险管理过程措施后的响应。对于软件项目来说，常见的风险有需求风险、技术风险、团队风险、关键人员风险、预算风险、范围风险等。

3．风险定性分析

在得到了项目风险列表后，需要对其中的风险做进一步的分析，以明确各风险的属性和要素，这样才可以更好地制定风险应对措施。风险分析可以分为定性分析和定量分析两种方式。风险定性分析是一种快捷有效的风险分析方法，一般经过定性分析的风险，已经有足够的信息制定风险应对措施，并进行跟踪与监控。定性风险分析包括对已识别风险进行优先级排序。

风险定性分析过程需要的输入包括组织过程资产库、项目范围陈述、风险管理计划和已经识别的风险列表。在评估过程中，需要根据这些输入对已识别的风险进行逐项的评估，并更新风险列表。风险定性分析可用的方法和工具有风险数据质量评估、风险概率及影响评估、概率及影响矩阵和风险紧急度评估。

（1）风险数据质量评估。定性风险分析的可信度要求精确无偏的数据。风险数据的质量分析是评价风险管理中风险数据有效的技术，它包括检验风险理解度及风险数据的精确度、质量、可信度和完整性。

（2）风险概率及影响评估。在由相关人员参与的会议上评估每个风险的概率水平及对项目目标造成的影响，某些解释性内容（如假设条件）也会被记录下来以证明这样的定性分析。

（3）概率及影响矩阵。根据对风险等级的划分可以对风险进行排序，以便将来进行定量分析和应对。利用查询表和项目概率-影响矩阵如图 10-16 所示，可以对风险的重要性及优先级进行评估。该矩阵通过综合考虑概率及造成的影响把风险划分为高、中、低的级别。风险等级规则通常由项目组织制定。

（4）风险紧急度评估。越早需要做出响应的风险具有越高的紧急程度。优先级指示器可以把时间包括进来，以便它能影响风险的应对策略、风险的征兆、警告信号和对风险等级的划分。

影响（I） 概率（P）	0.10	0.30	0.60	0.80	0.90
0.9	0.09	0.27	0.54	0.72	0.81
0.8	0.08	0.24	0.48	0.64	0.72
0.5	0.05	0.15	0.30	0.40	0.45
0.3	0.03	0.09	0.18	0.24	0.27
0.2	0.02	0.06	0.12	0.16	0.18
0.1	0.01	0.03	0.06	0.08	0.09

风险值=风险概率（P）× 风险影响（I）

图 10-16 项目概率—影响矩阵

风险记录在风险识别过程中被初始化，并随着定性风险分析的进展而更新，更新的风险记录包含在项目管理计划中，包括按优先级或相对等级排列的项目风险、需要近期做出响应的风险列表、需要进一步分析和应对的风险列表、低优先级风险的监视表、定性风险分析的趋势等内容。

4．风险定量分析

一般先进行风险的定性分析，在有了对风险相对清晰的认识后，再进行定量分析。分析风险对项目负面和正面的影响，制定相应的策略。量化分析着重于整个系统的风险情况而不是单个风险。

量化风险的输入，相对定性分析而言，增加了项目管理计划。在项目管理计划中，有明确的项目目标、项目进度和成本的要求及项目时间表，从中可以获得整个项目的确切情况，这些都是量化风险分析所必需的。

采取专家评估的方法是一种比较简单的量化分析方法，例如，组织相关成员对项目进行乐观、中性和悲观估计等。

除此之外，还可以使用灵敏度分析帮助判断哪些风险对项目具有最大的潜在影响，使用风险模型模拟的方法进行量化分析。

定量风险分析的输出同定性风险分析一样，都是更新风险列表，但增加了项目完成时间的分布和项目成本的分布。

5．风险应对计划编制

在风险应对计划中，包括应对每个风险的措施、风险的责任人等内容。项目经理可以将风险应对措施和责任人编排到项目进度表中，并进行跟踪和监控。制订风险应对计划的输入包括风险管理计划和风险列表。在风险分析过程中，已经把分析的结果更新到风险列表中，再结合风险管理计划中制定的策略，制订风险应对计划。

编制风险应对计划时有多种不同的策略，对于相同的风险，采用不同的应对策略会有不同的效果。

（1）正向风险（机会）的应对策略。机会出现时，以下 3 种常见的做法可能对项目目标的实现产生有利的影响，包括开拓、分享和强化。开拓这种做法在组织希望更充分利用机会的时候采用；分享指将相关重要信息提供给一个能够更加有效利用该机会的第三方，使项目得到更大的好处；强化这种做法的目标是通过增加可能性和积极的影响来改变机会的"大小"，发现和强化带来机会的关键因素，寻求促进或加强机会的因素，积极地加强其发生的可能性。

（2）负面风险（威胁）的应对策略。有 3 种典型的方法来应对这些威胁：回避、转移和减轻。回避策略指的是想方设法阻止风险的发生或消除风险发生的危害，如果回避策略成功则可以消除风险对项目的影响；转移策略指的是将风险转嫁给其他的组织或个体，通过这种方式来降低风险发生后的损失；当风险很难回避或转移时，可以考虑采取减轻策略来降低风险发生的概率或减轻风险带来的损失。

（3）应急响应策略。应急响应策略通常包含应急计划及启动该计划的触发条件。

制订完风险应对计划后，将会更新风险列表和项目计划，在采取某些特定的风险防范策略后，还可能会产生一些与项目风险有关的合同。此时风险列表已经比较完备，完备的风险列表有时也称为风险跟踪矩阵，如表 10-6 所示。

表 10-6　风险跟踪矩阵示例

编号	风险描述	状态	风险类型	发生概率	风险影响	负责人	防范策略	应对策略	发生标志	清除标志

6．风险跟踪与监控

风险跟踪的目的是根据项目最新的情况修正风险列表中的数据。风险跟踪与监控不仅是对已经识别出的风险的状态进行跟踪，还包括监控风险发生标志、更深入地分析已经识别出的风险、继续识别项目中新出现的风险、复审风险应对策略的执行情况和效果。

风险跟踪与监控的输入除风险管理计划和风险列表外，还包括已经批准的变更和项目进展情况，如项目进度、人力资源情况、项目财务情况等。

风险管理过程与其他的基本项目管理过程一脉相承。首先，需要对风险管理活动进行计划——制订风险管理计划；其次，需要对活动的对象进行估计——风险识别；再次，在估计的基础上展开风险管理活动——风险分析和制订风险应对策略；最后，对风险管理的过程进行审核与评估——风险跟踪与监控。

10.6.4　采购管理

项目采购管理是从项目外采购工作所需的产品和服务的过程。项目采购管理过程包括采购计划编制、合同编制、招标、供方选择、合同管理和合同收尾等阶段。

1．采购计划编制

一份合理、详细的采购计划，需要寻找到合理、科学、符合实际情况的立足点来作为编制依据，这样才能保证采购计划的可执行性和有效性。采购计划编制的依据有项目管理计划、项目范围说明书、产品/服务说明书（包括设计说明书、执行说明书、功能说明书）、采购策略、市场环境等。

在采购计划的编制过程中，项目管理者一般会采用以下方法。

（1）自制和外购分析。用来分析和决定某种产品或服务由项目执行组织自我完成或者外购，这是一种通用的管理技术。自制和外购分析都包括间接成本和直接成本，必须反映执行组织的观点和项目的直接需求。

（2）专家判断。在采购计划过程中，往往需要专家的技术性判断来评估采购过程的输入和输出。这种专家意见可由具有专业知识，来自多种渠道的团体和个人提供。

项目采购计划过程的最终成果包括采购管理计划和工作明细表。采购管理计划应清楚规定采购过程（从编制合同到合同收尾）将怎样被管理；一个采购管理计划可以是正式的或非正式的，详细的或框架性的，具体采用什么形式要根据项目的需要来确定。工作明细表足够详细地规定了采购项目；应尽可能清楚、完整和简洁，应包括任何所必需的附带劳务描述；在采购过程中，工作明细表可能需要修订。

2.　合同编制

合同编制过程包括准备招标（询价）所需的文件和确定合同签订的评估标准的过程。合同编制依据项目管理计划、采购管理计划和工作明细表进行，可使用的方法有专家判断和标准形式。其中标准形式包括标准合同、标准采购项说明、全部或部分投标文件的标准版本等。

合同编制过程完成后得到采购文件、评估标准和修订的工作明细表。采购文件被用来向潜在的供应方征集建议书。不同采购文件的通用名称包括：投标邀请函、建议请求书、报价请求书、磋商邀请函和合同方回函等。最常用的两种采购文件是建议请求书和报价请求书。其中建议请求书是一种征求潜在供应商建议的文件，报价请求书是一种依据价格选择供应商时用于征求潜在供应商报价的文件。采购文件应做到足够严谨，以确保供方反馈的一致性和可比性，但也要有一定的弹性从而允许供方提出满足需求的更好的建议。

3.　招标

招标过程采用招标公告或投标人会议的方式进行。招标人采用公开招标方式的，应当发布招标公告。投标人会议（也称为发包会、供应商会议）是指在接受投标之前与潜在供应商的碰头会。投标人会议用来确保所有潜在供应商对采购有清晰、共同的理解（技术要求和合同要求等）。

4.　供方选择

供方选择包括接收标书或建议书，并使用评估标准评估，从而完成供应商的选择。依据投标书（或建议书）、评估标准、风险数据库、风险相关的合同协议等进行供方选择。可以采用的工具和技术如下。

（1）加权系统。加权系统是对定性数据的一种定量分析方法，以减少在渠道选择中人为偏见带来的影响。对每一个评价标准项设定一个权重，对潜在卖方针对每项评价标准打分，将各项权重和分数相乘，将所有乘积求和得到卖方的总分。

（2）独立估算。独立估算常被称为"应该花费"估算，采购组织对采购项目成本进行独立的估算以检查建议的价格。

（3）合同谈判。合同谈判澄清双方对合同的结构和要求的理解，以确保在双方合同签订前能达成一致意见。最终的合同文本应反映所有达成的协议，合同谈判过程以买卖双方签署文件（如合同）为结束标志。

供方选择完成后得到选择的供方，并签订一个有约束力的共同协议即合同，确定通过采购获得的资源的数量和资源的可用性。

5.　合同管理

合同管理是确保供方的执行符合合同要求的过程。合同管理包括对合同关系应用适当的项目管理程序，并把这些过程的输出统一到整个项目的管理中。依据合同、供方的工作结果和发生的变更请求来进行合同管理，采用合同变更控制系统、绩效评审、绩效报告、检查和审计、支付系统和索赔管理等工具和方法，可以给出建议的纠偏措施、供方绩效评估报告、支付请求和合同变更等内容。

6. 合同收尾

合同收尾包括产品核实和管理收尾，合同条款也可能为合同收尾规定特定的程序。提前终止合同是合同收尾的特殊情形。依据合同文件资料和合同验收请求进行合同收尾工作，合同收尾会采用记录管理系统将一些特定的过程、相关的控制活动和自动化工具统一成一个整体；同时对采购过程进行审计，即从采购计划到采购过程进行结构性复查，找出采购过程中的成功和失败之处，以便向本项目中的其他采购项，以及本项目执行组织的其他项目中的采购管理提供经验和教训。

项 目 小 结

项目是由一系列过程来实现的，可以将项目管理活动视作一系列相互联系的过程。现代项目管理强调项目管理的阶段性和过程性，在项目管理的过程中，应该根据项目的专业特性、项目的实现过程特性，以及项目的约束条件，将一个项目划分为便于进行管理的一系列项目阶段，并把这些不同的阶段看成一系列具体的项目管理过程，而将整个项目的管理看成一个完整的项目管理过程。

本项目从软件项目管理的整体管理开始，对软件项目管理中的范围、时间、成本、质量 4 大部分内容进行了介绍，对其中的各个活动的依据、使用的技术和方法，以及各个活动的输出进行了详细的描述，并对项目管理中的其他部分如人力资源管理、沟通管理、风险管理和采购管理等进行了说明。

拓 展 训 练

拓展训练任务 1　Microsoft Project 的初步练习

1. 训练目的
（1）熟悉 Microsoft Project 软件的界面。
（2）掌握 Microsoft Project 软件的基本操作。

2. 训练要求
（1）学会利用 Microsoft Project 创建项目。
（2）完成实训报告。

3. 训练内容——创建新项目
（1）利用 Microsoft Project 模板建立一个项目。

在菜单中选择【文件】|【新建】命令，选择【本机上的模板】|【Project 模板】命令，选择【Microsoft Office Project 部署】。

① 插入新任务：在插入的位置单击鼠标右键，在弹出的快捷菜单中选择【新任务】命令。

② 删除新任务：在删除的位置单击鼠标右键，在弹出的快捷菜单中选择【删除任务】命令。

③ 修改任务：选择菜单中的【项目】|【任务信息】命令，在弹出的对话框中进行修改。

④ 验证任务：试着利用鼠标拖住（选中）一些任务，然后单击鼠标右键，从弹出的快捷菜单中选中【删除任务】命令，观察工期和日程的安排。改变一些任务的工期，观察项目日程的安排。

⑤ 更改工作时间：选择菜单中的【工具】|【更改工作时间】命令。

（2）利用【项目向导】定义项目。

① 单击菜单中任务左边的一个书形按钮，再次单击，观察。

② 单击定义项目，输入项目开始时间，单击【保存】按钮并前往第 2 步，按照提示顺序单击下去。

③ 建立新的日程表：单击定义常规工作时间。选择日历模板，通常选取标准模板，然后保存并前往第 2 步，最后，尝试着做多种选择（想选取多个日期时，可以按住 Ctrl 键的同时单击进行不连续选取）并恢复默认设置。保存并前往第 3 步，当需要对个别日期进行设置时，单击【更改工作时间】按钮。修改后，单击【保存】按钮并前往第 4 步、第 5 步。保存完成。

④ 输入任务名称：单击列出项目中的任务，有两种输入法，即直接输入法与"从 Excel 导入任务"方式。

⑤ 直接输入法：首先输入各项任务、工期，输入完毕，回到项目向导。然后，单击将任务分成阶段。选择子一级的项目，单击向右的一个箭头图标。为了能够看见项目的整体情况，选择【工具】|【选项】命令，并选择【视图】选项卡，选中【显示项目摘要任务】命令。单击【确定】按钮退出，然后单击【完成】按钮。

⑥ 排定任务日程：选择前后有逻辑顺序的任务，然后单击相应的按钮，排定其顺序。

⑦ 项目信息的设置：对于简单的项目，可以直接利用向导；对于复杂的项目，最好在进行项目之前就仔细地设置每个项目信息。选择【项目】|【任务信息】命令，在弹出的对话框中，如果想从开始日期排定项目日程，则先在【日程排定方法】中选择【从项目开始之日起】，然后在【开始日期】中选择。相反，如果想从结束日期开始排定，则必须先在【日程排定方法】中选择【从项目完成之日起】，然后在【完成日期】中选择。

⑧ 读取来自 Excel 的数据。在计划的初期，如果有人习惯用 Excel 来进行，则再将内容输入一遍很费时间，因此，可以利用转换的方式进行。也可以采用两种方法：拖动复制的方法及利用导入的方法。

⑨ 利用导入的方法。在【项目向导】中选择【列出项目中的任务】链接，然后在【从 Excel 导入任务】的选项下，单击【导入向导】链接，在弹出的对话框中选择要导入的文件，选择【下一步】，选择【新建映射】|【下一步】，选择【将数据追加到活动项目】|【下一步】，在【导入向导-映射选项】对话框中，选择要导入的数据类型为【任务】，同时选中【导入包含标题】。出现【导入向导-任务映射】对话框，在工作表名上选择或者已经自动填入【Sheet】，单击【下一步】按钮。如果出现错误，则进行人工映射。最后单击【完成】按钮，检查是否出现错误。

拓展训练任务 2　利用 Microsoft Project 进行时间进度的安排

1．训练目的

利用 Microsoft Project 实现项目的时间管理。

2．训练要求

（1）学会利用 Microsoft Project 实现项目的时间管理的功能与步骤。

（2）完成实训报告。

3．训练内容

1）设置项目日历

可以修改项目日历，以反映项目中每个人的工作时间。日历的默认值为星期一至星期五，上午 8：00 至下午 5：00，其中有一个小时的午餐时间。

可以指定非工作时间，例如周末、晚上的时间，以及一些特定的休息日，如节假日等。

（1）修改过程如下。

① 选择【视图】菜单中的【甘特图】命令。

② 选择【工具】菜单中的【修改工作时间】命令。

③ 在日历中选择一个日期。

④ 如果要在整个日历中修改每周中的某一天（例如，希望每周五下午 4：00 下班），则单击日历顶端那天的缩写。

⑤ 如果要修改所有的工作日（例如，希望从星期二到星期五的工作日上午 9：00 上班），则单击一周中第一个工作日的缩写（例如星期二的缩写为 T）。按住 Shift 键，然后单击一周中最后一个工作日的缩写（例如星期五的缩写为 F）。

⑥ 如果要将某些天标记为非工作日，则单击【非工作日】单选按钮；如果要改变工作时间，则可单击【非默认工作时间】单选按钮。

⑦ 如果在上一步中单击了【非默认工作时间】单选按钮，则在"从"文本框中键入开始工作的时间，在"到"文本框中键入结束工作的时间。

⑧ 单击【确定】按钮。

当本企业的时间日历和标准日历差异较大时，需要进行专门的设置，以便以后长期使用时，可以新建日历并将新建的日历共享。选择菜单中的【工具】|【管理器】命令，在弹出的对话框中选择【日历】选项卡，将新建的日历复制到【GLOBAL.MPT】，以便下次使用。

（2）创建里程碑。里程碑是一种用以识别日程安排中重要事件的任务，例如某个主要阶段的完成。如果在某个任务中将工期输入为 0 个工作日，则 Microsoft Project 将在【甘特图】中的开始日期上显示一个里程碑符号。

① 在【工期】域中，单击要设为里程碑任务的工期，然后键入"0d"。

② 按 Enter 键。

③ 建立任务之间的关系（任务之间的关系如表 10-7 所示）。

（3）项目之间的关系的应用：依据表 10-7 的关系在甘特图中创建里程碑。

表 10-7　任务之间的关系

任务相关性	范　　例	描　　述
完成—开始	A → B	任务 B 必须在任务 A 完成之后才能开始，如盖房子必须先打地基才能建墙体
开始—开始	A B	任务 B 必须在任务 A 开始之后才能开始，如所有的人都到了之后才能开始
完成—完成	A B	任务 B 必须在任务 A 完成之后才能完成，如想要得到大家的意见必须在进行调查之后才能得到意见
开始—完成	A B	任务 B 必须在任务 A 开始之后才能完成，如站岗时，必须下一个士兵来了，上一个士兵才能走

（4）前置时间和延迟时间的设置。

① 前置时间（LT）是指有相关性的（FS、SS、FF、SF）任务之间的重叠。

② 延迟时间是指有相关性的任务之间的延迟时间。例如，如果需要一个任务完成后迟两天

才开始另一个任务，则延迟时间为 2d。

③ 设置延迟时间和前置时间的方法为：选择要设置的任务，然后选择菜单中的【项目】|【任务信息】命令，选择【前置任务】选项卡，建立任务之间的相关性，选择延迟时间。或者先建立任务的相关性，再在此时设置延迟时间。或者先建立任务的相关性，再在甘特图上双击链接线，在弹出的对话框中设置延迟时间。

（5）设定任务的开始或完成日期。安排任务日程最有效的办法是输入任务的工期，创建任务的相关性，然后让 Microsoft Project 计算任务的开始和完成日期；也可以在需要时设定任务的开始或完成日期。

为任务设置特定日期的任务限制称为非弹性限制，最不灵活的限制是指定任务开始或完成日期。因为 Microsoft Project 在计算日程安排时需要考虑这些限制条件，所以请在任务必须在特定的日期开始或完成时才使用非弹性限制。

① 在【任务名称】域中单击需要设定开始或完成日期的任务，然后单击【任务信息】按钮。

② 单击【高级】选项卡。

③ 在【限制类型】文本框中选择一种限制类型。

④ 在【限制日期】文本框中键入或选择一个日期，然后单击【确定】按钮。

（6）设定任务期限。在设定任务的期限时，如果将任务设定在期限之后完成，Microsoft Project 会显示一个标记。设定期限不会影响任务的日程安排。这只是 Microsoft Project 用于通知任务将在期限之后完成的一种方式，从而可以调整日程安排以满足期限的要求。

① 选择【视图】菜单中的【甘特图】命令。

② 在【任务名称】域中，单击需要设定期限的任务。

③ 单击【任务信息】按钮，然后单击【高级】选项卡。

④ 在【任务限制】下，在【期限】文本框中键入或选择期限日期，然后单击【确定】按钮。

（7）拆分任务。如果某项任务需要中断后继续开始，可以在日程中拆分任务。在有些情况下，这是很有用的。例如，如果需要暂时停止某任务的工作，转而进行其他任务。根据不同的需要可以将任务拆分任意多次。

请注意，将任务拆分成多个部分与周期性任务不同。周期性任务是按固定的间隔进行的任务，例如员工会议。

① 选择【视图】菜单中的【甘特图】命令。

② 单击【拆分任务】按钮。

③ 在任务的【甘特条形图】中，单击要拆分的日期，然后拖动条形图的第二部分直至要继续开始工作的日期。

在甘特图的空白图中双击鼠标，可以出现甘特图图形修改的界面。如果单独修改某个任务的甘特图，就选中该任务并双击鼠标，然后修改。

2）生成 WBS

（1）选择【视图】|【工具栏】命令，再选择【分析】命令以打开【分析】工具栏。

（2）单击【Visio WBS 图表向导】按钮，并在下拉菜单中选择【启动向导】命令。

（3）按顺序选择下去，在【所有小于或等于大纲级别的任务】选项中选择级别"2"，这是根据任务的级别的复杂程度而定的，然后单击【下一步】按钮，再单击【完成】按钮。系统便会自动打开 Visio。

3）PERT 分析

（1）打开一个在之前已经做好的项目文件，在菜单中选择【视图】|【工具栏】|【PERT 分

析】命令，此时会出现【PERT 分析】工具栏。

（2）在工具栏上移动鼠标，观察各图标的作用，单击最后一个图标【PERT 项工作表】，就会出现 PERT 项工作表，其中乐观、悲观和预期的 3 种工期都为零，现在根据实际情况输入这些数据。

（3）单击【设置 PERT 权重】按钮，设置各种情况的权重，其中 3 种情况加起来为 6。

（4）单击【计算 PERT】按钮，此时会计算每种项目计划的可能工期，并重新产生一个 PERT 工作表。

（5）分别单击【PERT 分析】工具栏上的前 3 个按钮，分别生成乐观、预期、悲观 3 种情况下的甘特图。

拓展训练任务 3　熟练操作 Microsoft Project

1．训练目的

（1）了解 IT 项目管理的基本概念和项目管理核心领域的一般知识。

（2）初步掌握项目管理软件 Microsoft Project 的操作界面和基本操作。

（3）学会使用 Microsoft Project 的帮助文件。

2．训练要求

（1）熟悉 Microsoft Project 的界面和基本操作。

（2）了解 Microsoft Project 视图（甘特图、任务分配状况、日历、网络图、资源工作表、资源使用情况、资源图表、组合视图），能够在各个视图之间切换。

（3）新建项目文件、设置关键项目信息。

3．训练内容

（1）针对本组项目做 WBS 功能分解。

（2）选择【文件】|【新建】命令，在打开新建项目任务窗格中，选择新建区域下的空白项目超链接，新建一个项目文件"项目 1"。

（3）选择【项目】|【项目信息】命令，打开【项目信息】对话框。

（4）在默认情况下，用户可以利用【项目信息】对话框指定开始时间等。

（5）在【日历】下拉列表中指定一个用于计算工作时间的标准日历。

（6）完成上述操作后单击【确定】按钮。

（7）输入本组项目中的各个任务，把功能分解的所有任务都输入（只需要输入任务名称）。

知识点考核与理解

1．选择题

（1）软件项目管理是（　　）一切活动的管理。

A．需求分析　　　　B．软件设计过程　　　　C．模块设计　　　　D．软件生命周期

（2）变更控制是一项最重要的软件配置任务，其中"检出"和（　　）处理实现了两个重要的变更控制要素，即存取控制和同步控制。

A．登入　　　　　　B．管理　　　　　　　　C．填写变更要求　　　D．审查

（3）在软件工程项目中，不随参与人数的增加而使生产率成比例增加的主要问题是（　　）。

A．工作阶段的等待时间　　　　　　　　　B．产生原型的复杂性

C．参与人员所需的工作站数目　　　　　　D．参与人员之间的通信困难

（4）软件工程学中除重视软件开发技术的研究外，另一重要组成内容是软件的（　　）。

A．工程管理　　　　　B．成本核算　　　　　　C．人员培训　　　　　　D．工具开发

（5）软件计划是软件开发的早期和重要阶段，此阶段要求交互和配合的是（　　）。

A．设计人员和用户　　　　　　　　　　B．分析人员和用户

C．分析人员和设计人员　　　　　　　　D．编码人员和用户

2．简答题

（1）软件质量度量的方法包括哪些？

（2）简述一个成熟的软件机构应具有的特点。

（3）软件工程管理的主要任务是什么？